有温度的家

居家养老 打开适老化改造之门

Open the Door to the Renovation of the Elderly-Oriented

娜日沙 赵晓路 著

江苏凤凰美术出版社

图书在版编目（CIP）数据

居家养老. 打开适老化改造之门 / 娜日沙, 赵晓路著. -- 南京 : 江苏凤凰美术出版社, 2024.1
ISBN 978-7-5741-1307-7

Ⅰ. ①居… Ⅱ. ①娜… ②赵… Ⅲ. ①老年人住宅-建筑设计 Ⅳ. ①TU241.93

中国国家版本馆CIP数据核字(2023)第248398号

出 版 统 筹　王林军
项 目 策 划　周明艳
责 任 编 辑　孙剑博
责任设计编辑　韩　冰
特 邀 审 校　周明艳
装 帧 设 计　姜宇淇
责 任 校 对　王左佐
责 任 监 印　唐　虎

书　　名　居家养老　打开适老化改造之门
著　　者　娜日沙　赵晓路
出版发行　江苏凤凰美术出版社（南京市湖南路1号　邮编：210009）
总经销网址　http://www. ifengspace. cn
印　　刷　河北京平诚乾印刷有限公司
开　　本　710 mm × 1 000 mm　1/16
印　　张　9
版　　次　2024年1月第1版　2024年1月第1次印刷
标准书号　ISBN　978-7-5741-1307-7
定　　价　58. 00元

营销部电话　025-68155675　营销部地址　南京市湖南路1号
江苏凤凰美术出版社图书凡印装错误可向承印厂调换

序言

我们很幸运生活在长寿时代，有望拥有百岁人生。如果从 60 岁退休算起活到 100 岁的话，那么这 40 年可以作为第二段人生旅程。60~75 岁是黄金期，此年龄段的多数老人身体健康，精力也很好；75~80 岁是过渡期，此阶段感知能力、行为能力和健康状况都会发生变化；80 岁之后是渐变期，老人通常会出现力不从心的情况。90 岁之后是退行期。

当年我在日本留学时，认识一位 70 岁的社长，他因为喜欢中国，所以坚持每周学习一次中文。78 岁时，他操着半生半熟的中文，跑到中国偏远地区的大学做日语外教；放假期间还跑到更偏远寒冷的牧区，资助小学建教室、图书室，购买书籍、电脑等都是事必躬亲。在我们相识的 20 年间，老先生从 70 岁时与夫人频繁走出国门，到 80 岁后就很少出国度假了；去年，90 岁的他一整年身体都不太好，入院，出院，再入院，再出院，在医院和家之间来回奔波。

2016 年，日本政府大力推行老旧住宅改造，专业人员会上门提供改造建议和方案。当时夫妻两人都 80 多岁，考虑到日常生活中逐渐显现的一些难题，也意识到改造的必要性，于是委托专业改造公司对居室进行改造。

我们去日本看他时，他的家刚做完改造。改造重点是夫妇两人的生活重心从二楼转移到一楼，免去上下楼的负担，二楼留给儿女回来时住。主卧室改造包括榻榻米换成木地板，天花、墙面壁纸翻新；客厅增加了书房功能；卫生间内增加了暖风和扶手；浴室整体翻新，从以前较深的日式浴缸改为较浅的西式浴缸，还加了暖风；给夫人喜欢的花房增加了工作台。改造后，主卧、客厅、餐厅、厨房集中在一层，通行距离短，无高差。虽然活动空间范围相比之前大幅缩小了，但使用功能有序，层次丰富，生活、写作、休闲兴趣各得其所，家里的居住条件和生活环境更加舒适、安全、方便。夫人说如果先生需要人照顾，她自己照顾起来也方便，打开卧室的推拉门，即使在厨房里做饭，回头就可以看到先生，两个人聊天也不受影响；如果在室内需要坐轮椅，进出方便，去卫生间也不碍事，最大限度地规避了未来可能出现的一些问题。

改造前

改造后

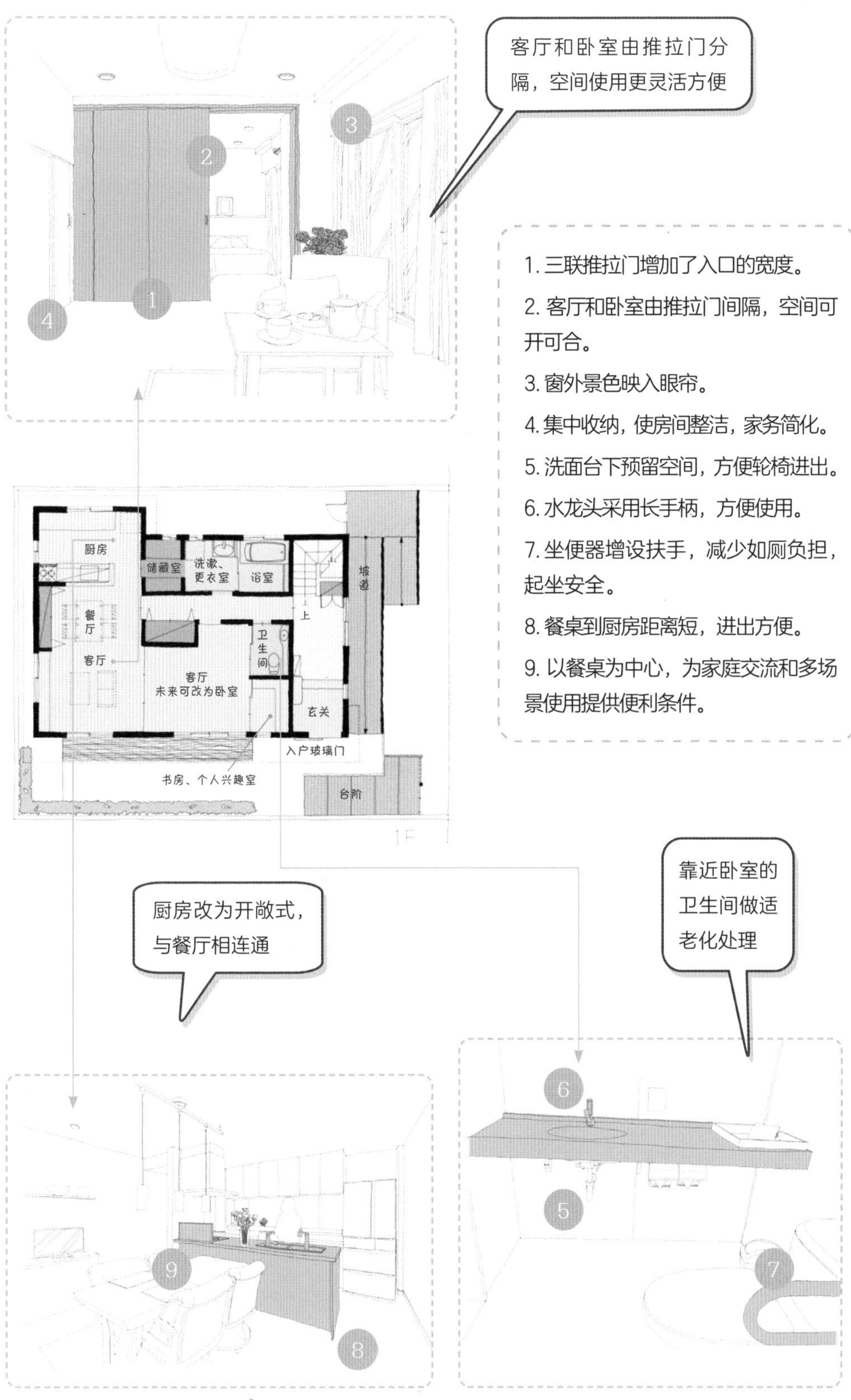

1. 三联推拉门增加了入口的宽度。

2. 客厅和卧室由推拉门间隔，空间可开可合。

3. 窗外景色映入眼帘。

4. 集中收纳，使房间整洁，家务简化。

5. 洗面台下预留空间，方便轮椅进出。

6. 水龙头采用长手柄，方便使用。

7. 坐便器增设扶手，减少如厕负担，起坐安全。

8. 餐桌到厨房距离短，进出方便。

9. 以餐桌为中心，为家庭交流和多场景使用提供便利条件。

你准备好了吗？在世界上老年人口数量最多的国家养老。

随着我国人口老龄化不断加深，养老需求日益增长。根据国家统计局数据显示，从 2022 年开始，我们国家进入老年人口高速增长期。1962—1975 年，新生人口为 3 亿多，属于婴儿潮的这一代人即将在未来十余年变老。与上一代人相比，他们身体更健康，思维更活跃，已经习惯了互联网，也享受到了经济快速发展的红利，退休后选择重新就业的可能性会更高。婴儿潮的一代人，因为有照顾父母的经验，又是独生子女政策的遵行者，他们会更早地为自己的老年生活做准备。

婴儿潮中的多数人会选择在家里或自己熟悉的环境中独居，尽可能舒适健康地生活，拥有正常的生活节奏，保留自己的生活习惯，做自己喜欢做的事情。家，作为退休后还要居住、生活几十年的地方，它是否足够安全、方便和舒适呢？那么，又如何有针对性地重塑这个让自己能安全、舒适养老的家呢？

《居家养老　打开适老化改造之门》书名中的“门”有三重含义：一是这本书是适老化改造的初级版本，属于入“门”级；二是适老化改造需要入户实地考察交流后才能实施，“门”代表入户；三是改造的对象是自己的家，是室内居住环境，需要从室外走入室内，要打开“门”才能进入。门在建筑中是有仪式感的部分，对于我们进入适老化改造领域的人来说，是在打开适老化改造的门，让更多人走入这个领域。

“老”是指老龄化，还是指老年人？老龄化和老年人都是泛指，老龄化代表老龄现象，而老年人指 60 周岁以上的人。我们认为这里的“老”，更多的是一种心理感受，“我已经老了”“父母真的老了”……我们没有谈老龄化现象，也没有谈老年人的身体特点，而是从人老了以后的感受来展开。本书中，适老化的“老”是指对老了之后的感受。

老了后的身体健康状况和心里的感受、对社会交往的感受、对学习的欲望、对参与社会活动的热情，以及老了以后想住在哪里、需要人照顾的时候住在哪里、想改造的时机是什么等等，这些都因人而异。因“老”的感受不一样，适配方式和措施也会不一样。

这本书的主要观点为：适老化改造是对生活方式和居住环境积极的升级行为，价值观可能不同，但改造内容具有普适性。通俗地讲，这是一个需要定制，进行个性化规划、实施的过程。

适老化改造分为四大价值取向：倡导健康长寿、安享晚年；注重父母安全稳健；安全放心值得信赖；实现个人价值——老有所依、老有所乐、老有所养、老有所为。改造本身属于居住环境的升级项目，住房是实现居住功能的场所，改造可分为九类：移动空间、环境设备、自然采光通风、无障碍、卫生间、浴室、收纳、整体规划、智能化，将其放入九扇改造之门内。

想为父母进行适老化改造的朋友可以通过本书找到适合自己的答案；想做适老化改造设计、咨询、施工的朋友，可以通过本书找到潜在顾客的人群画像，服务产品设计，落地实施步骤，打开适老化改造事业之门。

《居家养老　打开适老化改造之门》这本书在三位主人公——大军、小露、小娜及其父母如何规划自己的老年生活中展开。书中的七人来自三个家庭，事件发生于 2046 养老生活馆。七人中有需要家居微改造的大军爸爸家、适老化改造设计师小娜和父母及改造专家小露和妈妈。希望通过实际案例解析，带领读者打开适老化改造之门，共享幸福的晚年生活。

娜日沙　赵晓路

2023 年 11 月

目录

2046 养老生活馆和其主人公们

2046 养老生活馆

2046 养老生活馆是一幢矗立在街角的钻石状大楼。大楼因年久其外墙看起来有些老旧，但在内部珍奇的古董物件上常能看到岁月摩挲后的光泽。在街角，经常看见到此“打卡”的人。他们喜爱的是这幢楼带来的怀旧氛围，这种少有的闲适从容的氛围，虽有些突兀却感染了周边。以前这里有时髦的服饰店，有流连于此、穿着个性的艺术人士……而今他们都走了，去了城市的其他街角，只留下这家刚改造完成的养老生活馆。

2046 养老生活馆外部（效果图）

2046 养老生活馆内部（大厅效果图）

有人笑盈盈地从养老生活馆里走出来，正是养老生活馆的负责人小露女士和设计师小娜。她们今天要接待的业主是大军先生。

主人公

大军：50 岁，金融投资工作者，已婚，女儿刚上大学。

小露：40 多岁，养老生活馆负责人，已婚，育有 8 岁儿子和 3 岁女儿。

小娜：30 岁，美术学院室内设计专业毕业，未婚，和退休的父母生活在一起，养了一条名叫“小七”的小狗。

2046 养老生活馆内部（效果图）

养老生活馆内部很大，空间很多，有不少老年人，有的在看报纸，有的在聊天，有的在喝茶。服务台前面摆着沙发和桌子，大小适宜，像家里的客厅。

三个人来到养老生活馆开敞的聊天室，围着桌子坐下来，小露开口问大军：“您的爸爸怎么样？好些了吗？”大军盯着桌子上的咖啡有点发愁，沉声说道：“老爷子现在离不开人啊，家里请了一位住家保姆照顾他，但房子老了，有很多不方便的地方。”

大军爸爸：80 多岁，老军人，性格古板严谨，10 年前膝盖做过手术，患有高血压、糖尿病。

老人独自住在上海市杨浦区的老房子里，如今年纪大了，我多次建议他搬来和我住，方便照顾，但旧居难舍，他不愿意离开老房子。现在房子相对陈旧，内部装修和家具也已老化，存在很多安全隐患。另外，近些年老人记性越来越差，医生说已经有阿尔茨海默病前期征兆了。

大军家离爸爸家很近，平时周末他经常回去陪爸爸。他希望爸爸尽可能在家里多活动，并通过辅助设施做一些力所能及的事，尽量延缓病情的恶化。

同时，他要为将来提早做准备，改善爸爸使用轮椅后的生活，为爸爸和看护人员提供更多的便利，减轻他们的负担。

阿尔茨海默病患者的明显症状：一是走路脚底虚浮不稳，需要工具辅助避免摔倒；二是便秘，经常上卫生间，去卫生间和洗澡都需要人陪同。病情发展到后期，日常行动需要坐轮椅。再进一步发展的话，就会卧床不起。

小露妈妈：70 岁，北方人，患有高血压，颈椎不是很好，经常会头晕。老伴早些年去世了，女儿放心不下，便将妈妈接到上海一起生活。

妈妈生性坚强积极，看到女儿一家四口住在一起，不想打扰他们，但考虑到未来养老，于是卖掉老家的房子，在女儿家附近买了一套一室一厅的房子，自己居住。

妈妈希望这个新家能实现自己对未来生活的期待——可以满足自己年轻时候的爱好，还可以有空间招待朋友。将来妈妈需要照顾的时候，家里能容纳两个人居住。

小露大学毕业后去日本留学，主修建筑设计，之后留在日本的设计公司工作。工作期间，她所在的团队主要负责医疗和养老公寓项目。回国后，小露在公司的上海总部继续从事设计工作。机缘巧合之下，2015 年，公司中标了上海某高端养老项目，实现了她在上海完成高端养老公寓的心愿。在这之后，她陆续完成了几个养老机构和养老公寓的设计，也参与了多个社区综合养老服务中心的设计工作。

小露所在的公司创立了 2046 养老生活馆，其初衷是为老龄化生活提供更好的解决方案，提升老年人的居家环境质量。2046 养老生活馆的陈设也是按照居家场景布置的，围绕着日常生活及大多家中需要提升和更新之处，演绎适老化改造要素，展示改造所使用的材料和辅助家居用品。

小娜父母：60多岁，老两口刚退休。爸爸患有高血压和糖尿病，妈妈颈椎不好，肺也不是很好，经常咳嗽。
为了不给女儿增添负担，小娜父母计划买房后的装修方案既要适合两代人共同居住，又能便于将来两人合居，互相照顾。

小娜知道父母的计划，正好 2046 养老生活馆营业了，她就申请做居家适老化改造项目的研究，加入小露老师的研发团队，一方面进一步了解改造项目，另一方面希望从实际出发，为父母量身定做一套更好的养老生活解决方案。

小露说道：“我们已了解了每个人目前的状况，现在再介绍一下各自的需求吧。”

大军点点头，说：“我来的主要目的是，听说有 2046 养老生活馆，想来现场学习体验一下。另外，还有点私心，家里老爸的情况也和大家讲了，想进一步了解一下适老化改造。”

其实我对适老化改造还是不大了解。“适老化改造”顾名思义是适合老年人的改造。
那么，适合什么样的老年人？改造又是什么样的改造？为什么要做适老化改造？有什么意义和效果？

大军继续说：“我看到一些旧房改造的宣传案例中，房子建设年代久远，居住环境较差。在住房改革后，商品住宅发展迅速。像我爸家里，老爸和住家阿姨两个人住，家里有两个卫生间，一个带浴缸，一个是淋浴，不需要‘浴改淋’，但是老爸的身体离不开人照顾，阿姨又总说累，以前没感觉有什么不方便的地方，现在想做适老化改造，但是不知道从哪儿入手，怎么改才好。”

“我理解你的感受。”小娜说。

过年的时候，翻看以前的相册，感觉照片上的父母都好年轻，那时候的妈妈和我现在的年纪差不多。现在看妈妈，我还是不能体会到她的感受。
老年时身体会有什么变化？是否真的会感到孤独？是否还有社会交往活动？是否喜欢和年轻人交流？什么时候选择做居家适老化改造合适？需要照顾的时候愿意在家里还是去医院？居家养老对居住环境的需求是什么？

小露指着电脑显示屏上的图片——人生折返跑，说：“40 岁好像是人生赛跑的折返点。到了这个年龄，事业进入稳定期，儿女也逐渐长大，父母到了需要关注的阶段。再过 10 年，50 岁后就到了快退休的年龄，拥有充足的时间来安排自己的生活。”

人生像极了小学时的折返跑。百米测试要在跑到 50 米处，绕过旗杆，折返跑回起点，而起点也是终点。

居家养老的“我们”

适老化改造居住方便的家

我们从小生活的家，在每个人的一生中都是最重要的住所之一。家的内涵有很多，如舒适自在的房间中有属于自己的小角落，也许是钢琴下面的躲藏空间，或是忙碌的厨房和温馨的餐厅。

进入室内每个房间的过程，对我们来说都是体验这个空间的关键因素。进入空间的过程和我们穿越边界是一样的。既然室内与室外不同，那么室内外变化的临界点便成为建筑中一切重要事件发生的地方，也是室内外空间双重力量的交汇处。适老化改造重点要打造让老人居住方便的家。

老年人是谁？可能是你、我、他

老年人不是特定的人群，他们是我，是你或是他。老是生命里的一个阶段，是少、青、中、老阶段中的最后一个阶段。提前理解进入老年后的心态和行为活动的特点，有利于我们更好地主动规划或选择适合自己的生活。

老年人对居住环境的需求

首先，安享晚年需要住所安全，方便舒适，放心舒心。其次，要为自己营造七大环境：一是健康的环境，采光好，自然通风；二是舒适的环境，冬暖夏凉，坐便器和浴室使用方便；三是方便的环境，清扫打理方便，减轻家务负担；四是安全的环境，无障碍行动安全，出行方便；五是方便照料生病的家人的环境；六是能消磨时间、缓解孤独感并适合休闲娱乐、学习的环境；七是适合与朋友聚会聊天、社会交往的环境。

同样是居家，由于每个人生活环境和习惯的不同，对老人原有住房进行改造，也要根据每一家的生活环境打造幸福、安享晚年的居所。连续三年的新冠肺炎疫情，为家里有老人的家庭敲响警钟，父母隔离在家期间，就医、出行、生活用品采购、饮食等，都或多或少碰到了意想不到的问题。

当我们意识到这一点，开始重新审视自己和家里，环顾四周，会发现很多以前没有注意到的不和谐。如家具有点碍事了，地板有点打滑，桌面不够大等。当然这些都是小问题，不会影响到生活，但是对于少数身体不好或者生病的患者来说，长期受限于家里的物理环境，每天要面临同样的麻烦，是一件很消耗心力的事情。我们要在小问题变成大问题之前去解决问题。

第 1 章
打开适老化改造之门

在 2046 养老生活馆中有九扇门，打开每一扇都对应一个改造后的理想之家，让我们一起去看一看。

1 打开出行无阻之门
2 打开冬暖夏凉之门
3 打开清新明亮之门
4 打开清爽方便之门——卫生间
5 打开安心舒适之门——浴室
6 打开量身定做之门——扶手
7 打开尺度适宜之门——收纳
8 打开可持续之门
9 打开智慧生活之门

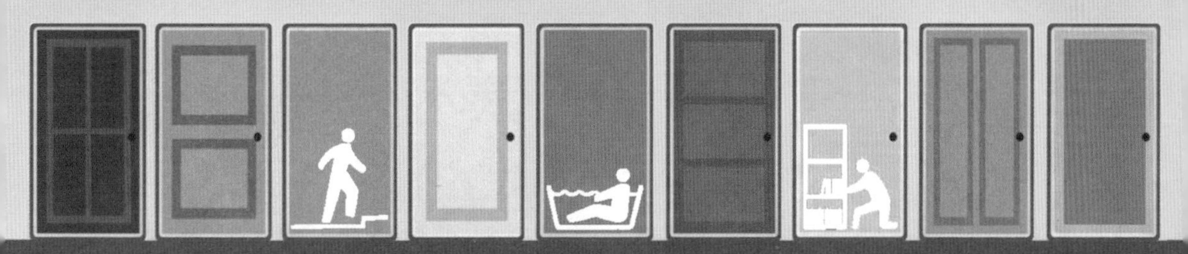

1　打开出行无阻之门

上次妈妈到院子里，下台阶的时候不小心崴了脚，疼了好几天。
老房子的地面有高差，例如卫生间、厨房、阳台等，爸爸的轮椅推行困难，有时候还会被绊倒。
家里是复式格局，卧室在楼上，妈妈感觉上下楼很累，而且我也担心老人上下楼梯会发生意外。

改造期望  希望老人日常可以在家中每一个角落走动方便，畅行无阻。

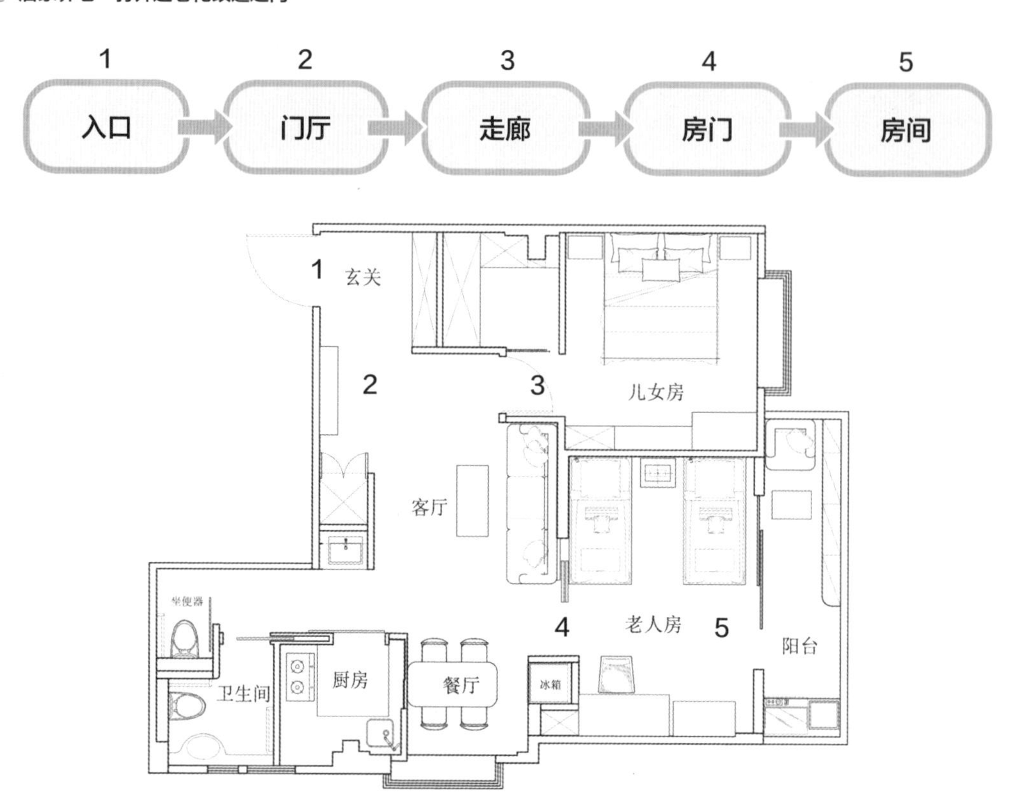

在日常生活中，进出家门是最平常不过的举动。大家都希望拥有一个畅行无阻的家，可以随意行走在家里的每个角落，自主生活。如果在自己的家里处处受阻，老人们会感到十分不适。老年人的居家生活主要有以下三个特点：

特点 1　如果行走迟缓或脚下力度不够，会导致老人在移动、行走的过程中稳定能力弱。

特点 2　老人上下楼梯时停停走走，如果楼梯扶手一侧的手脚力道弱，容易在楼梯上摔倒。

特点 3　老人开关门时手部力量弱，一般需要使用助行器，当老人坐轮椅完成同样系列动作时会更困难。

出行无阻之门的改造方法

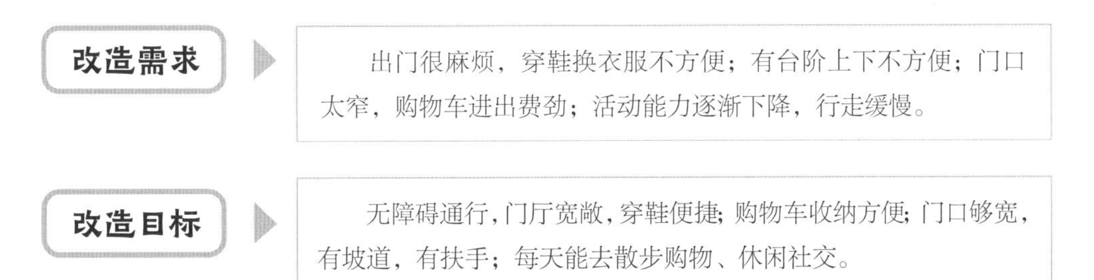

改造需求

出门很麻烦，穿鞋换衣服不方便；有台阶上下不方便；门口太窄，购物车进出费劲；活动能力逐渐下降，行走缓慢。

改造目标

无障碍通行，门厅宽敞，穿鞋便捷；购物车收纳方便；门口够宽，有坡道，有扶手；每天能去散步购物、休闲社交。

畅行无阻的设计，主要体现在以下几方面：

入口空间

它不仅是室外到室内的过渡空间，而且是室外和室内相互交接的中间记忆点，因此入口在空间心理学上有其重要性。很多住宅会在入口处有所过渡。入口空间的环境升级，对老年人来说是有帮助的。入口处的收纳设计，不仅要考虑到老年人的使用特点，还要考虑日常用品，例如鞋子和外出辅助器具的收纳与存放。

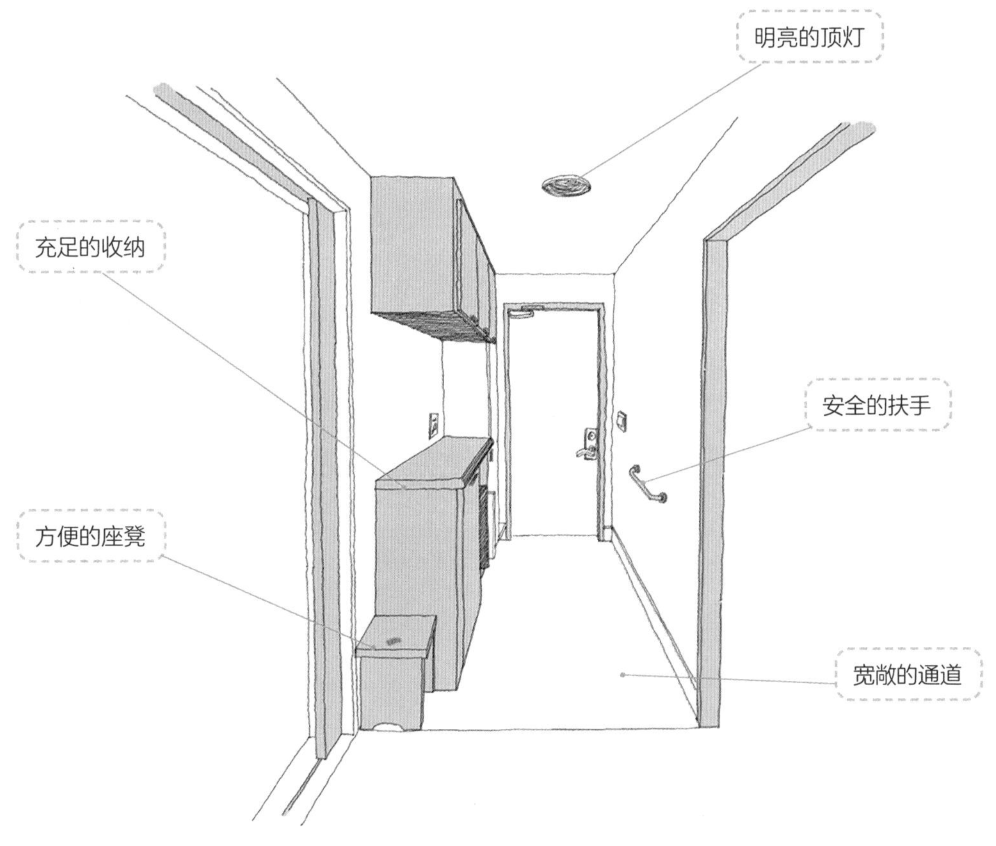

门厅畅通无阻的改造方法

1. 扩大门厅空间。
2. 设置收纳空间 。
3. 按照家里居住情况定制鞋柜。
4. 增加购物小推车、助行器等物品的存储空间。
5. 改用防滑地板。
6. 在必要处安装扶手。
7. 安装自动照明地脚灯、呼叫器、电子门铃。
8. 安装穿鞋凳（壁挂式、折叠式等）。

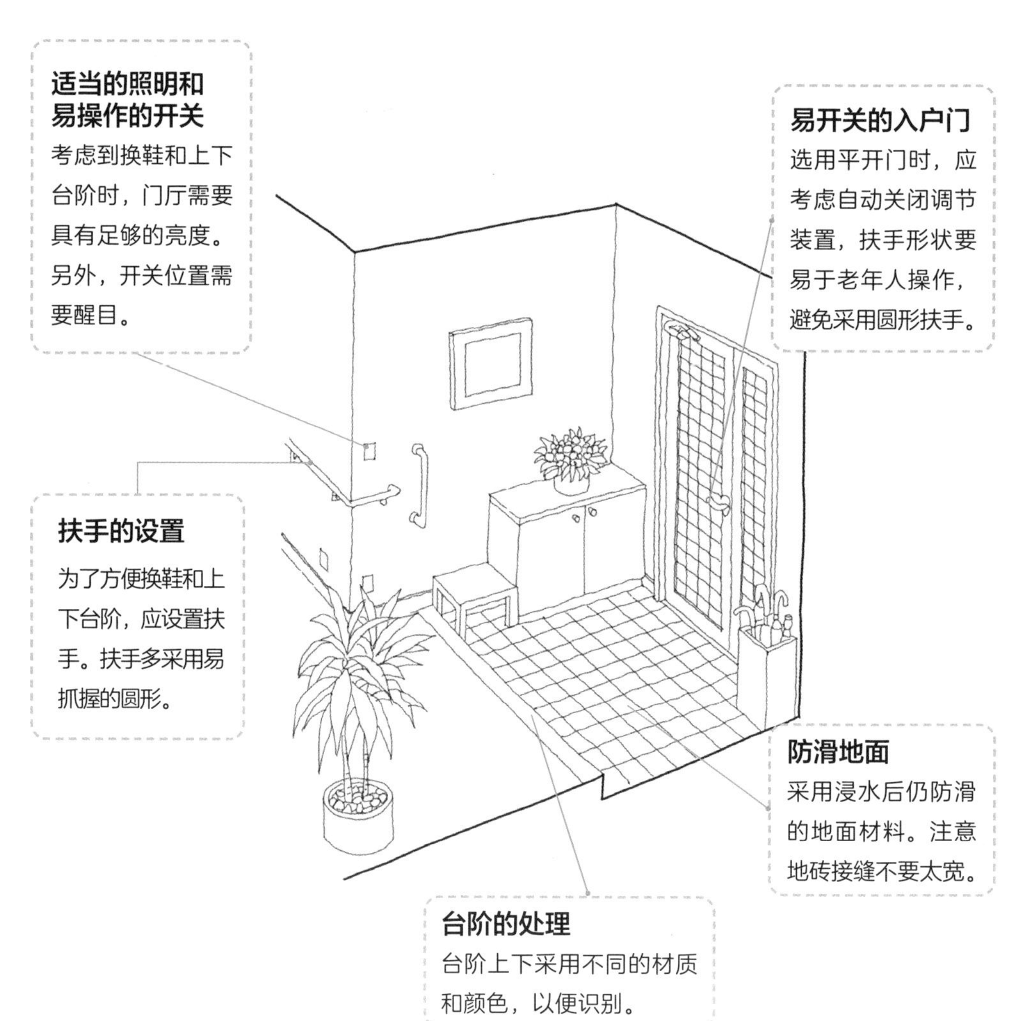

别墅的庭院内可自由出入的改造方法

1. 安装代步机，需确保安装空间并做好安装准备。
2. 在入口台阶处增设坡道。
3. 加宽楼梯台阶或者坡道台阶至 900~1000 mm。
4. 增加入口门廊和出口平台的面积，为开门预留空间。
5. 在入口处增加电子呼叫器和照明设备。
6. 在院内停车处设置可以充电的电源室外配电箱。
7. 改造停车位，方便上下车，在停车位到入口之间增加风雨连廊。

走廊畅通无阻的改造方法

设置斜坡

上海老房子一楼大多带天井，从房间到天井约有三四级台阶。此高度如何解决呢？

可以在出入口两侧确保有 1500 mm × 1500 mm 以上的水平面，以满足轮椅回转半径的需求，然后设置斜坡，坡度以高度的 1/15 ~ 1/12 为宜。可选择斜踏板，市场上有成品。设置斜踏板的时候，容易绊脚的两端必须沿着坡面延伸至地面，并考虑设置扶手。另外，斜踏板的表面需要进行防滑加工处理。

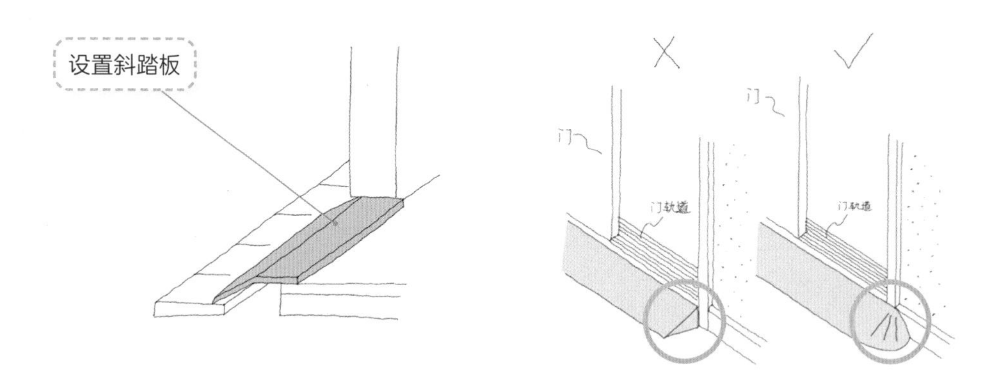

地面高低差

在家中的走廊、入户门、厨房门、卫生间门、卧室门、阳台门等经常走动的地方，采取无高差设计。例如门槛和其他地面材料收口的位置高差在 5 mm 以内的，可以视为无高差。

解决地面高低差的方法：

推拉门门轨外围的高低差

在地面内嵌V形沟槽，为了不在与地面材料的接缝处产生缝隙，将V形沟槽内嵌进移门的下门框中并固定。

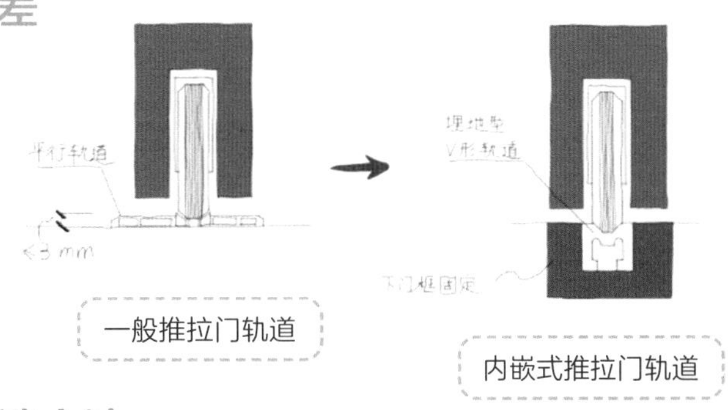

一般推拉门轨道

内嵌式推拉门轨道

房门入口畅通无阻的改造方法

室内门（入口）改造

平开门是铰链门，开门时门会进行90° 的旋转，是旋转运动。推拉门是平移运动，两个动作复杂程度不一样。如果坐在轮椅上用一只手去开门，另外一只手要控制轮椅进入房间，难度会增加。推拉门的好处是不占空间，门动人不动，方便简单。门把手最好选择不旋转的，以免挂到人。如果是平开门，可以在门上装闭门器，自动关闭，节省人力。

房间内畅通无阻的改造方法

地面装饰材料选择要点

1. 选择大理石等石材需经过防滑处理。

2. 选用绒毛长的地毯容易绊脚，建议采用绒毛长度为7 mm的地毯。

3. 如果复合木地板的表面实木面板厚度为0．3 mm左右的话，容易产生刮痕，建议采用表面实木面板厚度为1 mm以上的地面材料。

4. 客厅、走廊的地面需采用在干燥状态下也不易滑倒的材料。

5. 卫生间、厨房的地面应采用在有水的状态下也不易滑倒的材料。

6. 通常踢脚线高为60～80 mm，家中使用轮椅的话，踢脚线高为350 mm左右。

7. 常有轮椅橡胶胎痕附着地面的情况，应尽可能选择与轮胎胎痕颜色相近的地面颜色，这样即使有胎痕附着的情况发生，也不会影响地面美观。

8. 设置“へ”形盖板。

6
接缝材料为黄铜 6 mm×25 mm
30

注：本书中图纸尺寸除注明外，均以毫米（mm）为单位。

2　打开冬暖夏凉之门

上海冬天湿冷，夏天又比较闷热，老房子中没有暖气，虽然有空调，但房子的保温隔热都不好。来自北方的妈妈一直不习惯，总是缩在沙发上不动，这对身体很不好。

妈妈的肺不好，经常咳嗽，家里要常开窗通风，但是又不能太冷以免着凉。

爸爸住的老房子旧了，保温性、气密性都不太好。

改造期望 家里温度适宜，老人在家舒服自在。

冬暖夏凉的家，需改造以下几处：门窗、墙面、吊顶、地面、坐便器和取暖设备，以及房间格局。

上海属于长江以南地区，住宅内没有安装取暖设备。近 10 年新建的高层精装修公寓，一般都配有地暖或中央空调，但家里不具备取暖条件的老房子占大多数。

房间里温度低，洗澡时淋浴间内打开热水，水蒸气会在墙面和地面上凝结成水珠。由于热胀冷缩的原理，房间里温度适宜，血压平稳；房间变冷，血管收缩，血压升高。洗澡的时候，脱掉棉衣，体表温度骤然下降；进入热水浸泡，血管舒张，血压降低；洗完澡换衣服的时候身体变冷，血压升高。长期下去，会影响到健康，血压频繁变化容易引发脑梗等疾病。

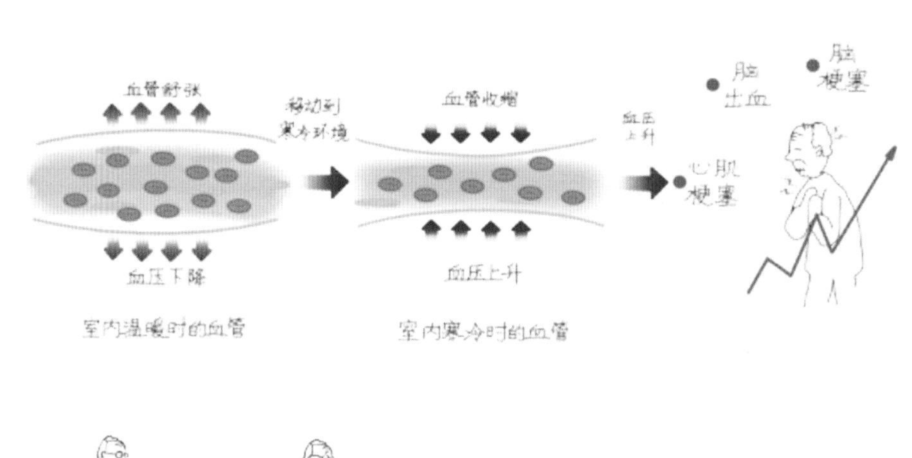

冬暖夏凉的家的改造方法

改造需求

冬天房间太冷，人不愿意活动，减少了在家里的活动量，夏天太热，容易中暑。太冷或者太热都会影响到血压，所以需要改善家里的温度。

改造目标

房间里阳光充沛，温度适宜，冬暖夏凉，温度恒定，血压平稳。早上起床开窗通风，锻炼身体，准备餐食，饭后养花写字，读书看报，追剧聊天，行动自如。

房屋保暖方式有很多种。冬天房间冷，在上海是很常见的。然而每一家冷的原因都不一样，有的是房龄长，门窗和设备老化；有的是房间大，空调暖风供暖不足；有的是卫生间背光，常年阴冷，采光、通风不好。想要为房间取暖提升室内温度，拥有一个冬暖夏凉的家，不是难事。

热传递的方式主要有三种：热辐射、热对流和热传导。一般房间内的取暖方式主要采用热辐射和热对流。适老化改造可根据家里的情况和自己的生活习惯选择合适的取暖方式。

热辐射

热辐射是一种舒适的取暖方式，暖气、地暖都是属于热辐射形式的取暖方式。上海有的老房子里有壁炉，坐在壁炉边上，红红的炉火散发出的热量让人感觉脸上、身上暖洋洋，这和冬日坐在朝南房间享受阳光照在身上是一样的道理。

热对流

热对流是借助空气的流动，通过加热空气，让冷热空气产生对流进而取暖，空调、暖风机等属于热对流形式。热风系统埋设在吊顶内，空调风管散热器把冷空气加热后形成气流，分布在周围，空间就会变得温暖。但是当热空气直接对着人吹时，就会形成一种闷气、过热、干燥的环境。如果调低温度，热风热量不够的话，空气就会变得太冷。这就是家里装了暖风机或者空调，但还是没有达到取暖效果的原因。

卫生间的取暖改造

1. 地面更换地暖。

2. 墙面上安装取暖设备。

3. 选用带加热功能的坐便器盖。

4. 安装浴室专用的暖风、排风、照明一体机和夜灯开关。

5. 改变房间格局，将卫生间和卧室的门改为推拉门，让房间内的暖气对流到卫生间。

6. 增加卫生间天花的保温性能，安装照明、排风和暖风一体式的排风取暖设备。

7. 填充外墙隔热材料，安装和更换内衬隔热板。

8. 安装中央空调，远程调控空调的通风设备。

9. 洗手间和浴室改造成整体浴室。

浴霸属于热辐射形式，但其加热不均匀，身体的绝大部分都感受不到热量，所以取暖效果并不好。如果是天花安装取暖设备，建议采用暖风机，形成热空气对流，将热空气吹到身体附近以达到取暖的效果。最好的取暖方式应该是将热辐射和热对流方式结合。

客厅、餐厅、主卧的门窗和取暖设备改造要点

1. 客厅与餐厅一体化，拆除中间的隔墙，安装半开放的隔断。
2. 更换厚窗帘，安装百叶窗（防止中暑）。
3. 更换隔热性能好的窗框和玻璃。
4. 在现有的窗户内安装内窗。
5. 更换隔热性能好的阳台门。

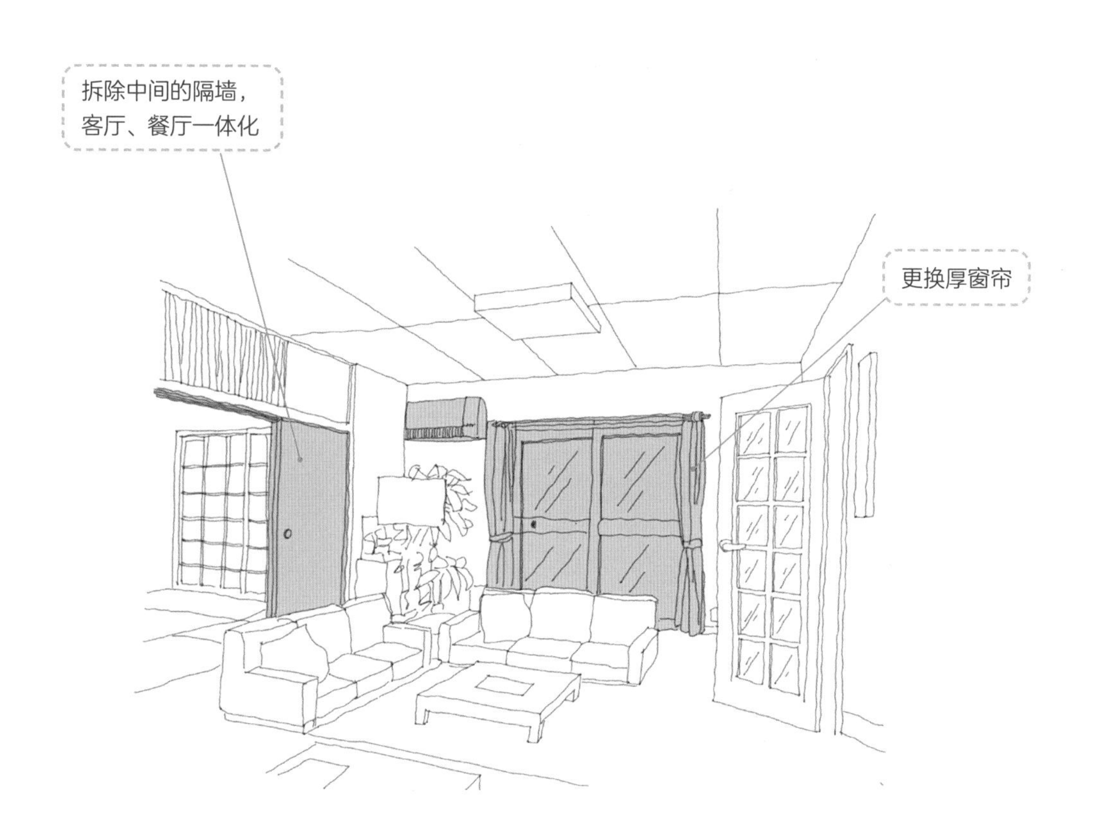

3　打开清新明亮之门

改造期望 ▶ 老人在家可正常看清物品并无障碍地行走。

卧室设置了亮度较低的暖光小夜灯，爸爸妈妈起夜方便，睡得也更踏实了。

在走道的扶手下安装照明灯带，便可提示扶手的位置，既辅助爸爸走路，又照亮脚下的路，且灯光也不刺眼。

清新明亮房间的改造方法

我们喜欢采光充足的房间。洒落在屋内的阳光，它区别于人造光，被称为自然光。人体内的生物钟是日出而作，日落而息。如果体内的生物钟与自然界日夜交替的周期接近，那么在清晨阳光照进房间的那一刻醒来会精神饱满。阳光对我们的健康非常重要，卧室要有很好的采光和通风。

人造光是房间内照明灯具形成的光环境。年龄大了，眼球晶状体会退化，光线通过退化的晶状体会形成不规律的折射，容易产生眩光。在室内进行照明改造时，要考虑防炫光灯具。清新明亮的家，可以通过改造提升室内环境采光、照明及采用合适的墙面装饰材料来实现。

改造需求

视觉和听觉等感官功能会随着年龄增长而退化。房间老化，自然采光和通风环境都需要改善。自然采光和自然通风对长久居家的人来说，是对身体和健康有益的。舒适的室内环境有利于我们长时间待在里面。

改造目标

建立自然光和自然风通道，导入自然光、自然风，扩大门窗开口面积。

拆除隔墙，更新墙面壁纸和涂料，提高房间色彩明亮度。

改善照明条件，营造适合阅读、做家务的光环境和室内环境。

选用适合老年人的照明设备和室内吸声材料，注意老人视力和听力弱化的特点。

建立自然光通道

1. 改造房间格局，去除中间隔墙，将客厅与餐厅连通，让自然光尽可能照到更多的地方。上海有些老房子的客厅在中间，可以在房间和客厅之间的墙上开窗，窗户能扩大客厅内的视野，有助于阳光照进黑暗的角落。

2. 改变门或窗户的宽度，扩大开口面积，以便采光。

3. 安装推拉门。推拉门打开后，房间与房间相连通，采光和通风良好。或是采用玻璃镶嵌门，提升采光，降低幽闭感，特别适用于轮椅者，方便观望门外的情形。这两种门在保证房间私密性的同时，让阳光进一步照到围合的走廊或者过厅。

4. 增加窗前的空间，尽量空出窗前空间来安排座位，或设置可站立逗留的地方。

通风环境

1. 在有西晒的房间增加遮阳棚、纱窗，既保证遮光，又能通风。

2. 有墙体的地方（非承重墙），可以在室内墙面上开出窗口，建立自然通风通道。

3. 在卧室、厕所或浴室等气味和湿度大的空间，可以安装通风设备。

4. 使用除湿器。

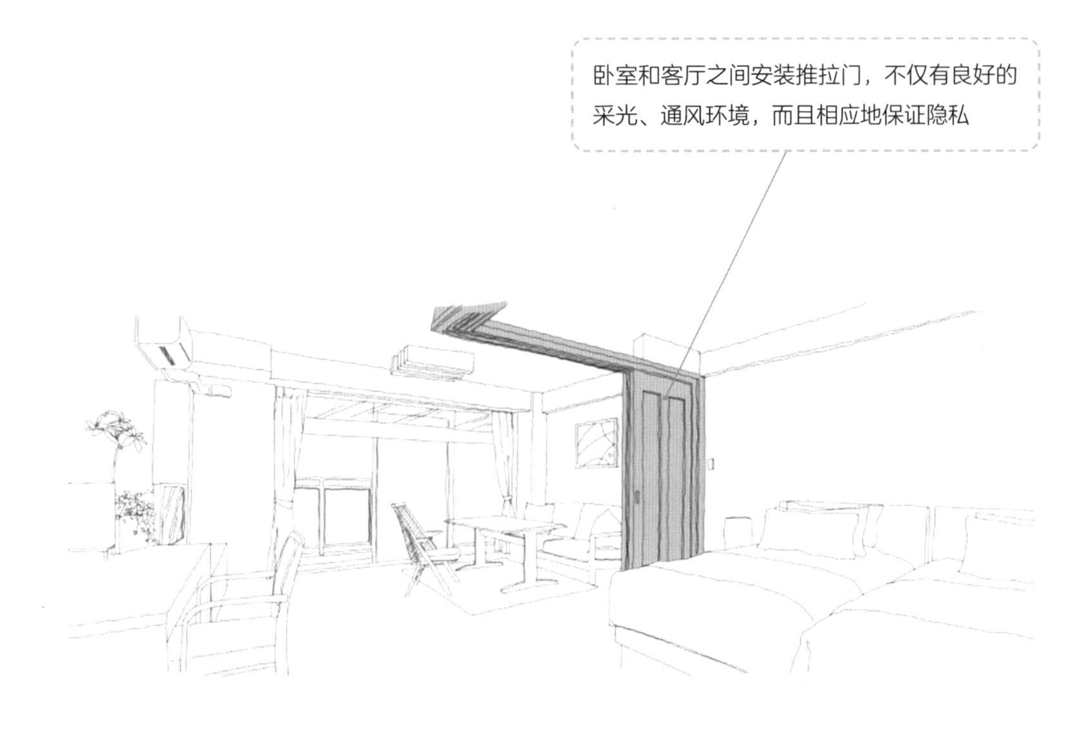

照明灯具布置

1. 在家务活动多或者使用频次高的房间，例如客厅、厨房、卫生间，应确保照明照度与晴日白天时相同，保证房间明亮。

2. 卧室内灯光布置要避免平躺在床上时光源照射眼睛产生头晕的情况。卧室照度在 200 lx，客厅照度在 500 lx ，书房等其他空间照度在 500 lx。

3. 照明开关需要用大的按键面板，建议选带夜灯的开关。一般开关设置高度为 1 000 ～ 1 100 mm。在手抬不高的情况下，装设高度为 800 ～ 900 mm，根据实际情况酌情调整。

4. 可以在玄关或走廊设置热感应器，以便自动点亮房间内的照明灯具。

照明灯具升级

1. 室内灯光照明分为普通照明和局部照明。房间内的照明如果只有普通照明，容易分散注意力，枯燥且无聊。相反，在一些位置应增加局部投光照明。

2. 增加调光功能。用一些小范围明亮的照明灯具，可以集中注意力。

3. 夜晚起来去卫生间，可设计过道夜灯、床下灯，并在走廊添加地灯开关、插座等。

4　打开清爽方便之门——卫生间

爸爸生病之后，经常会便秘，在坐便器上坐久了容易腰酸背痛，起身时头晕目眩。

卫生间的顶灯应安装在顶面正中。有时候老人会在便后观察一下排泄物状况，若是顶灯安装在角落的话，坐便器容易被阴影遮挡住，不便观察。

安全舒适又美观的卫生间，让老人轻松如厕。

舒适、方便、安全的卫生间设计，添加了更多适合老人的细节，保证老人的清爽干净，也让儿女更加安心。

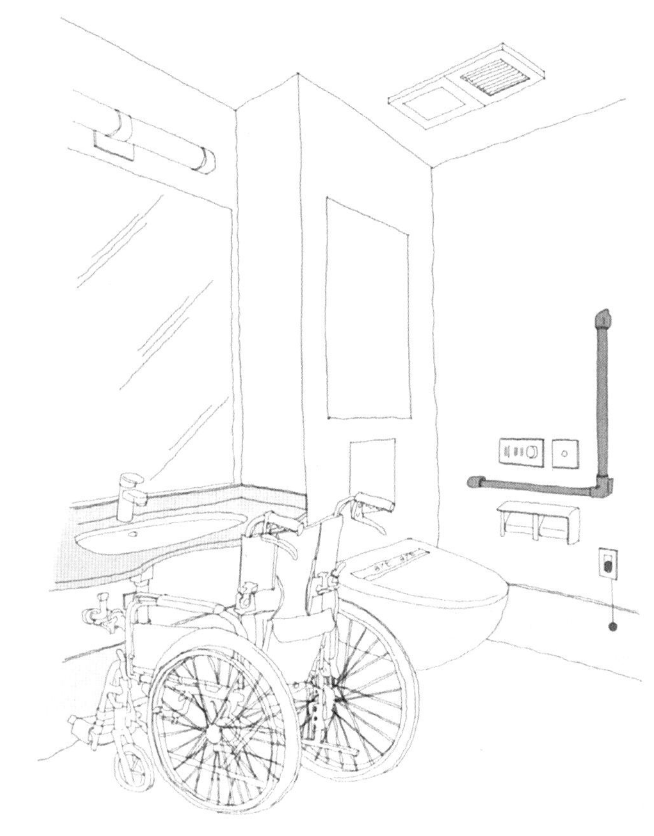

欧阳修在《归田录》里提及：“余平生所作文章多在三上，乃马上，枕上，厕上也。”现代人用手机阅读有新三上，“厕上、枕上、车上也”。还有“更衣、如厕、出恭、解手”等词汇和“静坐觅诗句，放松听清泉”的诗句，可见卫生间在生活里扮演着重要的角色。

清爽方便的卫生间的改造方法

卫生间是我们每天都要重复使用多次的场所，所以要尽可能让居住者顺利完成使用，同时提供舒适、放松、方便的体验。正常排泄是身体健康的表现，没有便秘或者尿频尿急等现象，尿液和排泄物能正常储存和排放，这些都意味着身体器官和大脑正常工作，流畅地完成这一过程中的动作也意味着运动机能正常。

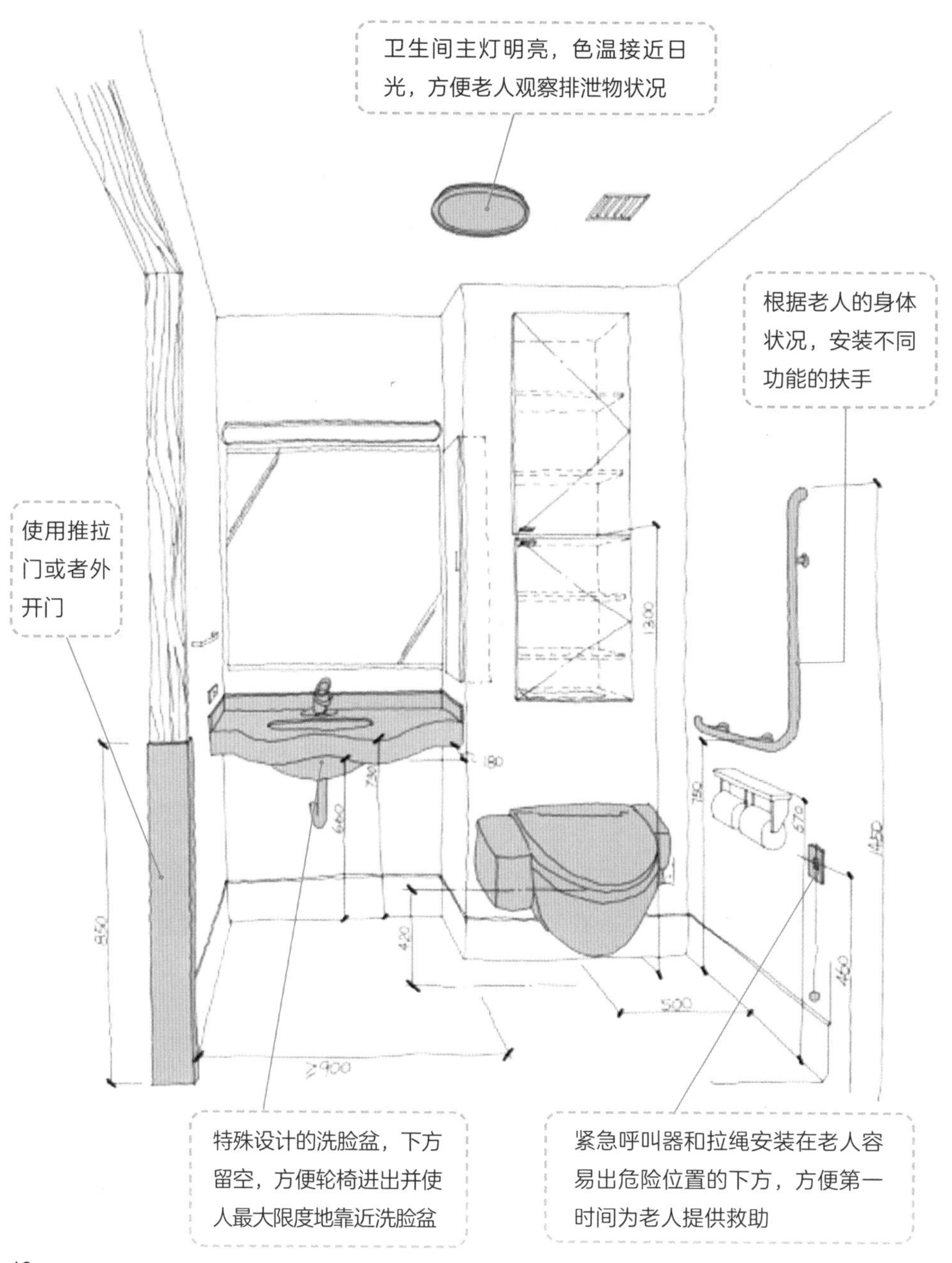

卫生间整体布置

1. 老人使用的卫生间要尽量宽敞一些，如果遇到厕所、浴室、洗手间等相邻的情况，建议拆除隔墙。

2. 保证厕所、洗脸盆、更衣室和浴室之间的易用性、易达性。

3. 为方便进出和打扫，最好将坐便器安装在门对面的位置。

改造需求

老人需要独自使用卫生间。这件事的难易程度取决于老人能否独自居家养老，或者当有照顾人员在场时，老人排泄的难易程度。

改造目标

提高如厕过程的安全性和舒适性，减少家务劳动负担和压力，降低水电成本。即使身心机能随着年龄的增长而下降，也可以根据需要在适当接受外界帮助的前提下如厕。这有助于居家养老，也可以延长老人在家中养老的时间。

老人年纪大了，一天中上卫生间的次数明显增多，晚上起夜的次数也会增加，如厕的时间还会变长。卫生间的无障碍改造非常有必要，具体的改造还是要根据使用者的健康情况因地制宜、因人而异，进行需求定制。

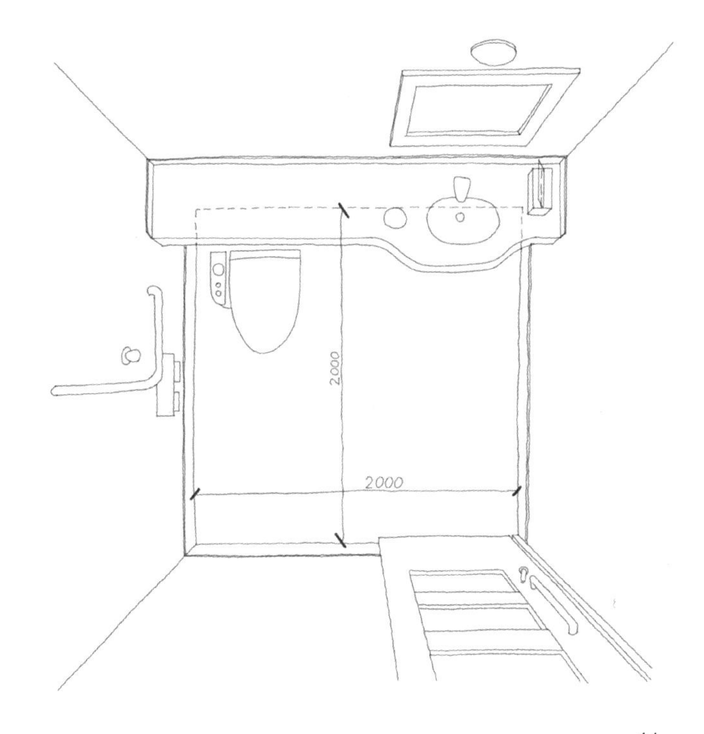

卫生间外部过道设计要点

1. 卧室靠近卫生间，保证卧室到卫生间的过道畅通无阻。
2. 在走廊上安装扶手。
3. 消除地面高差。
4. 增加照明。

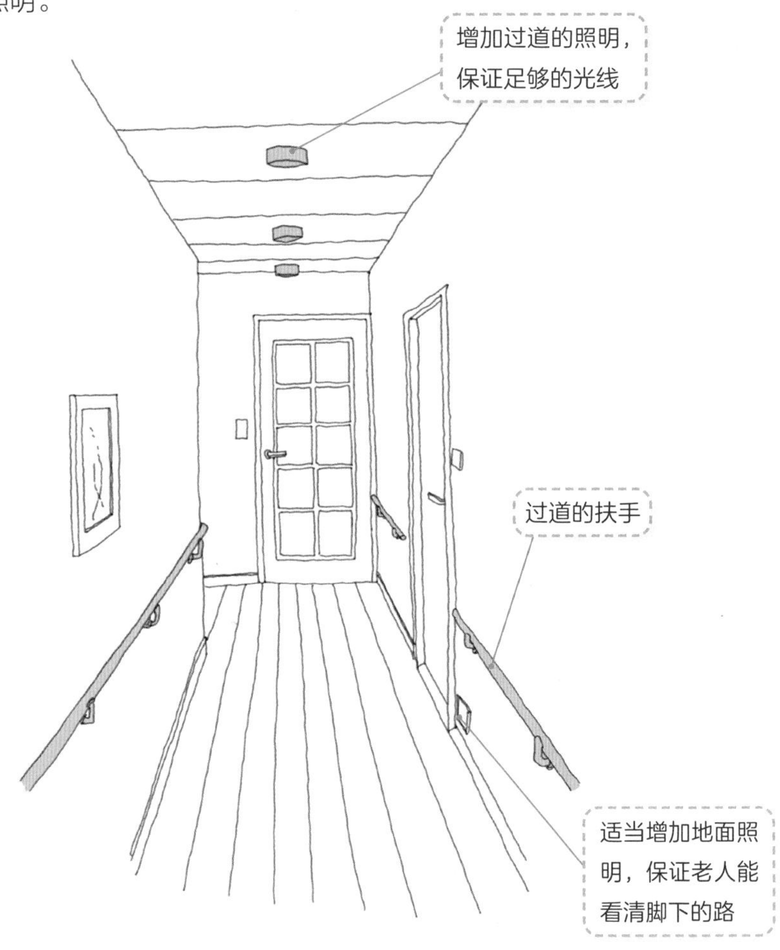

卫生间细节改造要点（部分）

1. 改用紧凑型坐便器。
2. 为了老人的安全，消除所有地面高差。
3. 浴室、更衣室和厕所应适当安装加热和冷却系统。
4. 卫生间采用推拉门或外开门。
5. 增加卫生间照明，包括顶面的集中照明和地面的脚灯（安装脚灯插座）。
6. 安装卫生间扶手。

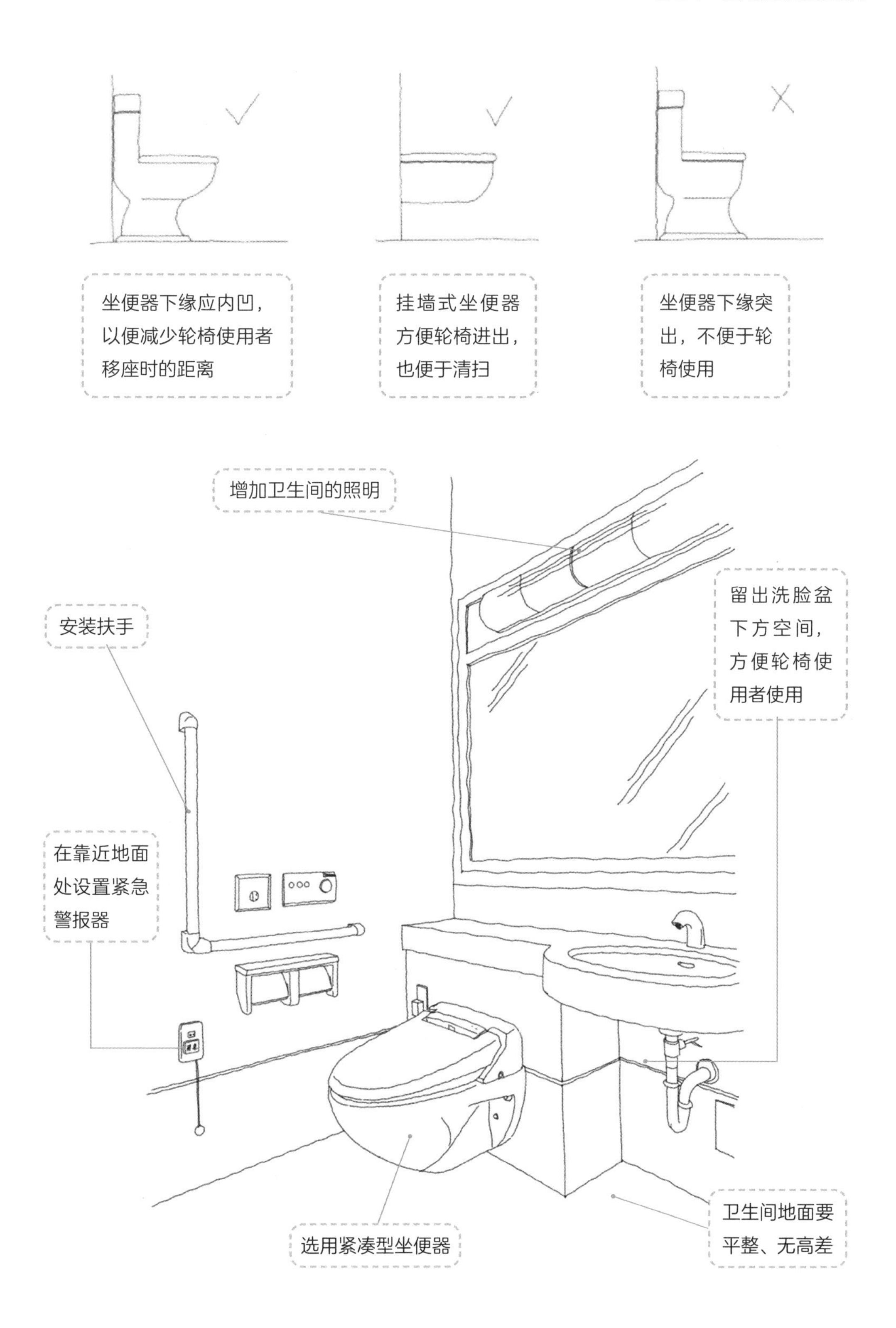
坐便器下缘应内凹，以便减少轮椅使用者移座时的距离
挂墙式坐便器方便轮椅进出，也便于清扫
坐便器下缘突出，不便于轮椅使用
增加卫生间的照明
安装扶手
留出洗脸盆下方空间，方便轮椅使用者使用
在靠近地面处设置紧急警报器
选用紧凑型坐便器
卫生间地面要平整、无高差

根据卫生间内空间大小，确定坐便器的安装位置和四周的尺寸关系，以及周边辅助器具、排风照明、地面等，打造清爽方便的如厕环境。

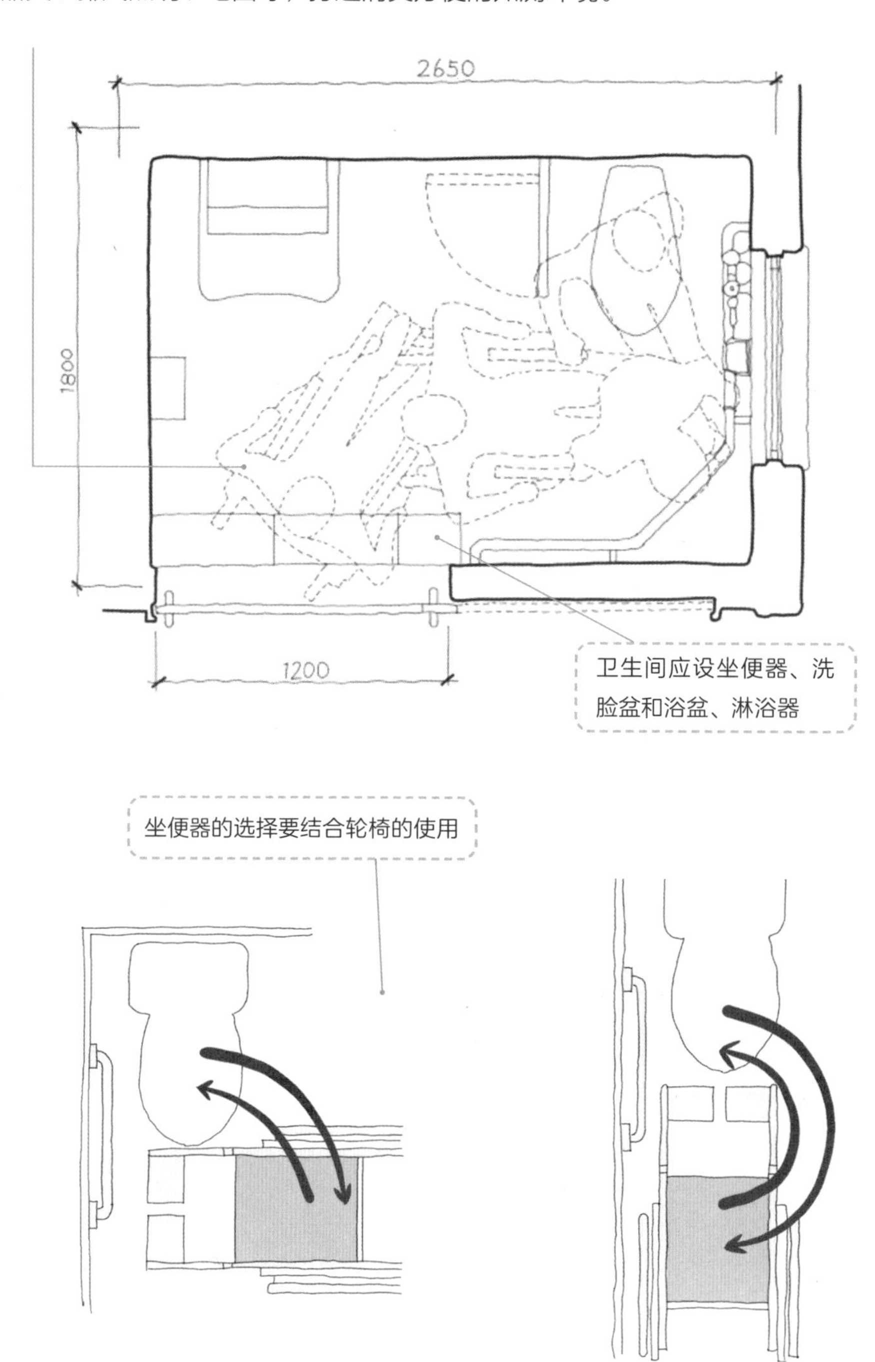

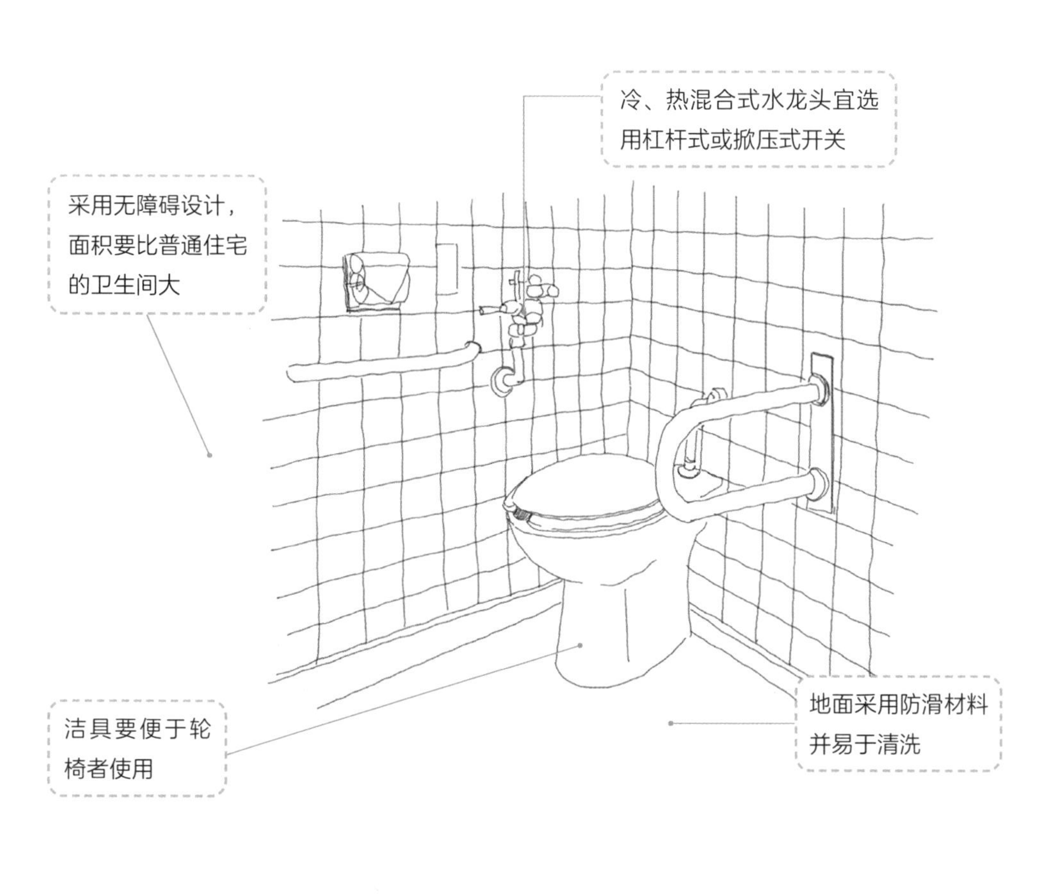
冷、热混合式水龙头宜选用杠杆式或掀压式开关
采用无障碍设计，面积要比普通住宅的卫生间大
洁具要便于轮椅者使用
地面采用防滑材料并易于清洗

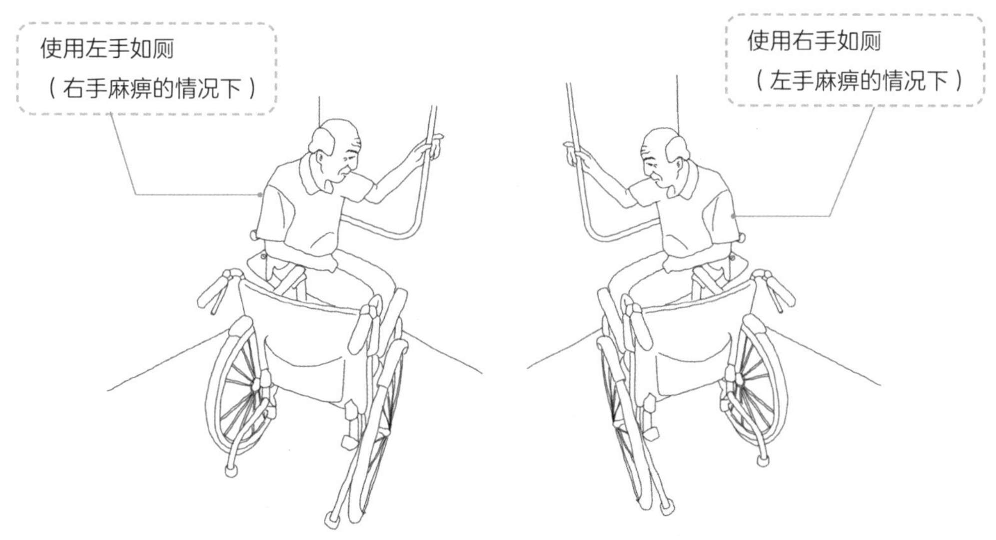
使用左手如厕
（右手麻痹的情况下）
使用右手如厕
（左手麻痹的情况下）

5　打开安心舒适之门——浴室

有时爸爸洗澡的时候会手持花洒，但花洒无法根据需要调节高度，老人使用时会比较累，取放花洒也比较费事。

妈妈年纪大了，膝盖时常疼痛，走路颤颤巍巍，就怕摔倒。正常的浴缸边沿高度不适合老人使用，进出困难。

改造期望  安全温暖又方便的浴室，让老人洗澡变得轻松惬意。

洗澡是一个身心放松的时刻，没有什么比身体直接接触到水后获得的愉快感受来得更直接。泡到热水里的瞬间，被水包围的感觉是惬意的。洗澡是我们照顾自己身体的时候，从中能够感受到幸福，因此要让洗澡变得更轻松方便，提升幸福感。

浴室改造重点在于让洗澡变得更方便、更安全，对老人健康也有好处。洗澡的动线和环境比较复杂，洗澡过程中会有水，有水就容易打滑，要注意脚底防滑、避免高差、室温适中、浴缸高度适宜、安装牢固的垂直和水平方向的扶手等很多细节。

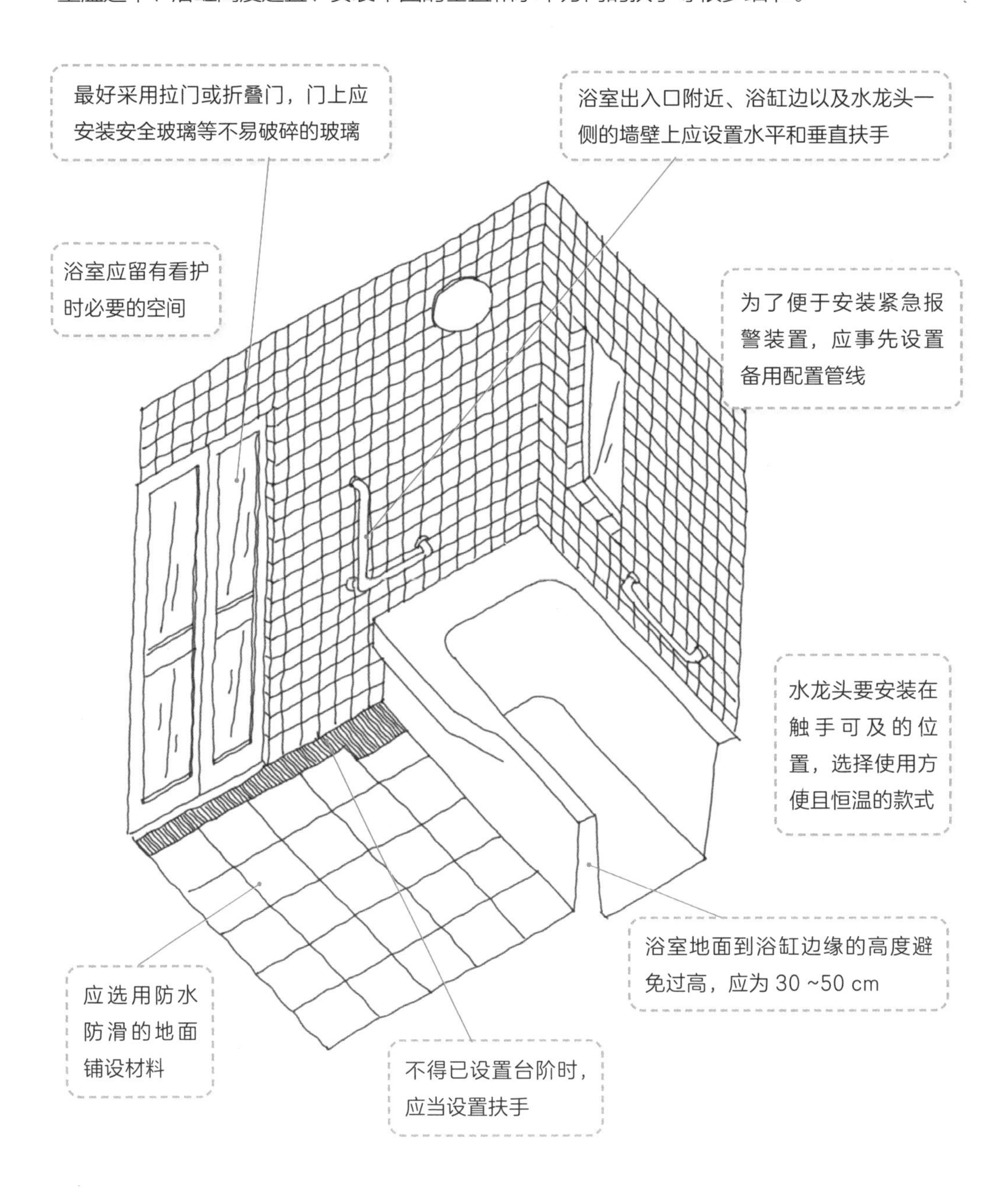

理想浴室的改造方法

改造需求

❶ 如果老人独自居住，将来年纪大了怎么洗澡？
❷ 如果身体不适、手脚活动不方便了，自己怎么洗澡？
❸ 房子和人一样，年头久了也要修一修。有的房子看着新，但浴室里的环境已经不太适合业主的年龄了，需要改一改。浴室改造的重点在于让洗澡变得更加方便，要符合业主的身体条件，特别是满足养老生活的仪式感和美好愿景。

改造目标

❶ 可以随心所欲地慢慢洗澡。
❷ 可以掌控洗澡时间。
❸ 可以在他人简单的辅助下完成洗澡，减轻家人负担。
❹ 熟悉的家和生活环境也要做到与时俱进，以便适合现在业主的情况，将老化的浴室进行适当的改造和翻新，拥有安全、方便、健康、舒适的生活。

浴室内常用的辅助设备

沐浴椅　沐浴椅，顾名思义就是沐浴时用的椅子，适用于不能长久站立或容易摔倒的人群。沐浴椅按照不同功能分为没有靠背、带扶手上翻式和旋转式折叠等。卫生间内若有沐浴椅，淋浴设备应拿取方便，如果淋浴的高度固定或出水区的位置固定，那么椅子摆放的位置则会受限制。

防水防滑地砖　浴室环境中对潮湿地面的防滑安全性能和墙面的防水密度要严格把控。墙面和地面材料要选择有防滑功能的，避免选择硬质地面，还要方便清扫，以免增加负担。

排水沟　浴室地面的排水沟应设置在浴室出入口的反方向。

1. 沐浴椅在淋浴区内坐浴时使用，可折叠，节省空间。
2. 防滑垫可以用在浴缸内，也可以用在淋浴区，防止脚下打滑。
3. 出入口防水槽的设计应结合地面高差方案。
4. 浴室内排水槽的设计很重要，水要快速排干，防止地面打滑增加风险。

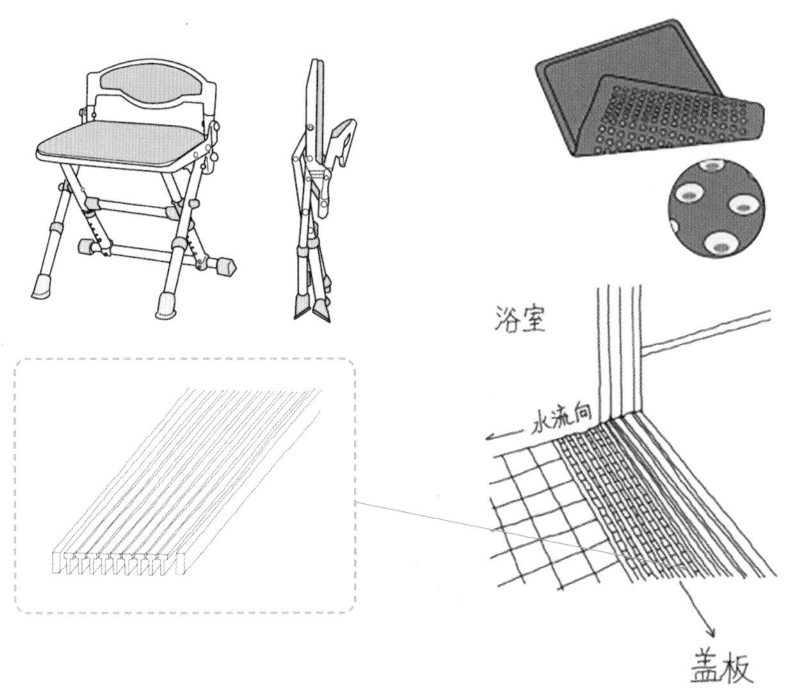

进入浴室关门，脱下衣物，移动到淋浴房或浴缸内，清洗，走出淋浴房或浴缸，擦干身体和头发，穿上衣物，把脏衣物放入洗衣机……结合浴室内一系列烦琐的动作和老人的身体特点，保证其洗浴流程的完整和方便自如。

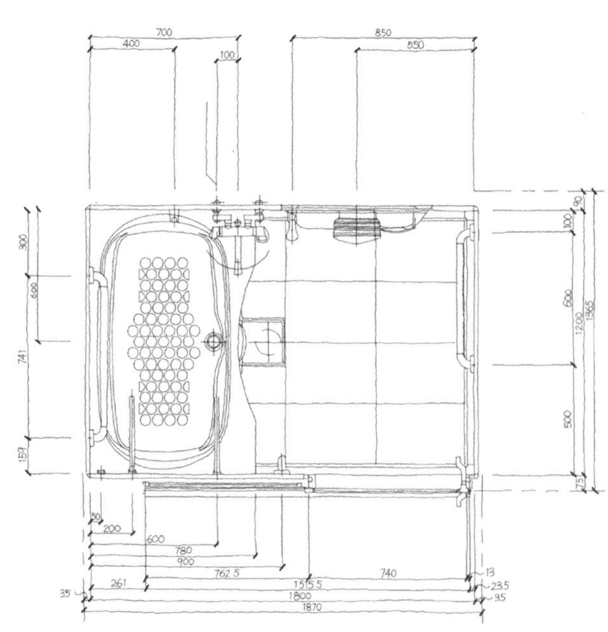

较理想的适老洗浴空间尺寸

浴室、更衣室装修

1. 安装可以固定使用的洗手盆。
2. 安装新型地暖。
3. 将传统浴室改为单元浴室。
4. 去除入口处的台阶。
5. 安装扶手，方便进出浴缸。
6. 在更衣室一侧安装扶手，方便安全进出。
7. 安装浴室加热器或烘干机。
8. 安装更衣室加热器和电源插座。
9. 更换设备，如水龙头、花洒。
10. 更换防滑地板。
11. 将浴室门改为推拉门。
12. 有条件的话，在卧室增设厕所等。

浴室改造综合考虑

1. 居住者的洗澡能力分为独立、辅助、照顾 3 个阶段。
2. 了解居住者的洗澡能力及其生活环境。
3. 安装浴室内必备的辅助设备。
4. 预留空间，方便未来照顾和看护。

对于老人来说，洗澡前后的穿脱衣服很麻烦，所以改造浴室的时候应考虑到便捷性，从房间到浴室的距离越短越好。浴室内最好有方便放置衣物的地方，以及坐下来穿脱衣服的地方。浴室内的采光也很重要，因为洗澡时留存的积水容易让脚底打滑，所以良好的采光和明亮的照明可以让老人看清积水，更加安全。浴室门最好采用折叠门，这样可以减小开门的半径和操作空间。如果坐便器和浴室共处一间，中间可以用帘子隔开。

6　打开量身定做之门——扶手

上次妈妈上厕所，起身的时候一不小心扭到了腰，卫生间墙壁又滑，她半天都起不来。

是的，父母年纪大了，行动变得迟缓，腿脚也变得越发沉重，走到哪里都喜欢扶着、靠着。

改造期望  在房间安装扶手，可以安心地抓握。

在床的旁边安装扶手，爸爸可以扶着慢慢起床活动，适当的锻炼也有助于延缓病情。

人老了，腰部和腿部力量不够。使用坐便器时，如果两侧有扶手，坐下或者起身都能帮我一下，还可以趴在前面的小桌板上，减轻久坐带来的腰部压力。

量身定做的扶手的改造方法

改造需求

房间内有些不起眼的台阶或走廊的光线较暗时，容易导致老人不小心摔倒，从而引起老人长期需要看护等问题。应尽量去除房间中的障碍，降低风险，保证不同能力阶段的老人都能够完成换衣服、上厕所、洗澡、梳洗等日常居家行为。

改造目标

老人需要在走廊、门口、门厅、卫生间、厨房等空间走动，应注意消除障碍，保证畅行无阻。

设施应达到老人独立健康生活的条件，应提前规划，这样即使身体活动能力发生变化，也可以安心。

简单、美观、有科技感的扶手，对于老人来说，会让坐立、行走等行为事半功倍。

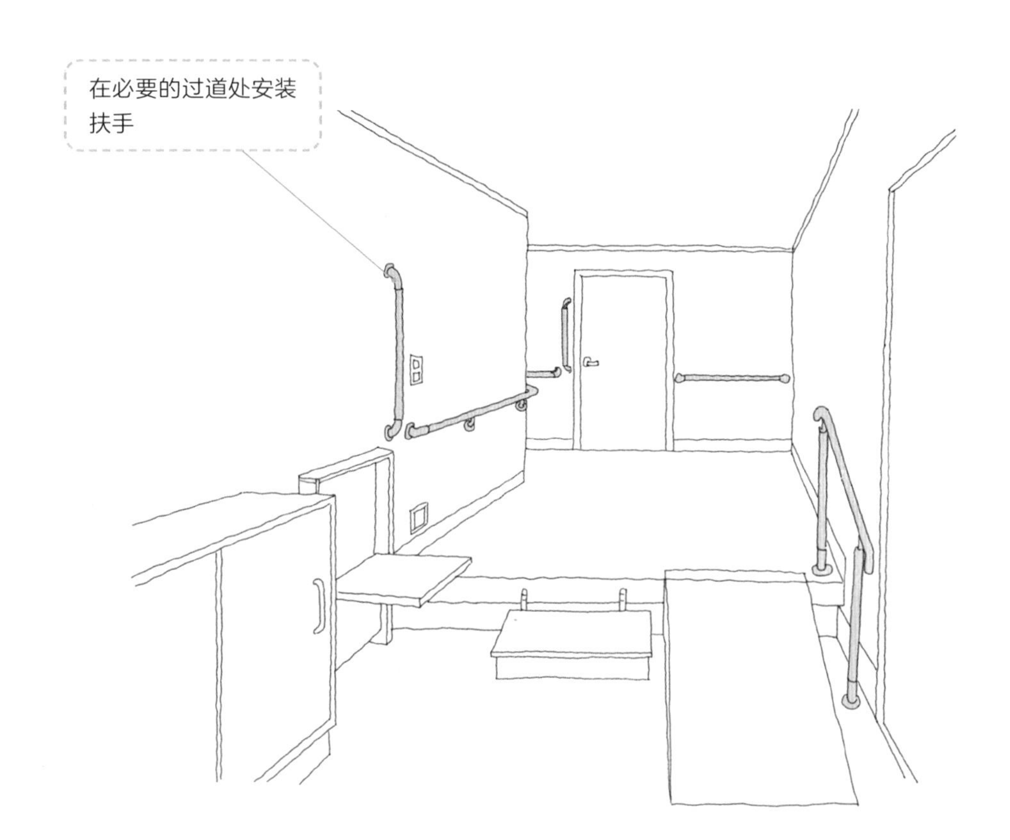

扶手安装的位置

需要安装扶手的空间有卫生间、出入口、走廊等。根据安装位置的不同，扶手的形状、施工方法、成本也会有所不同。

其实加设扶手装置后，带来方便的同时也会有所不便。例如在坐便器两侧安装扶手，如果卫生间本来并不宽敞，安装扶手就会让空间更加局促，进出都会碰到，打扫卫生间也不方便，使用轮椅和助行器时也会碰到，反而增大了让老人受伤的可能。所以扶手的安装要根据具体情况，听从专业人士的建议，安装适合家庭使用的扶手，才能真正起到作用，减少不便。

扶手的种类及其使用场所

竖向扶手：适合于身体位置不多的动作，如上下起身及移坐时，需要抓牢借力使用，常用场所包括门口、卫生间等。

横向扶手：适合于身体位置移动时，需配合手部滑动进行动作时使用，常用场所包括前院、走廊、楼梯等。

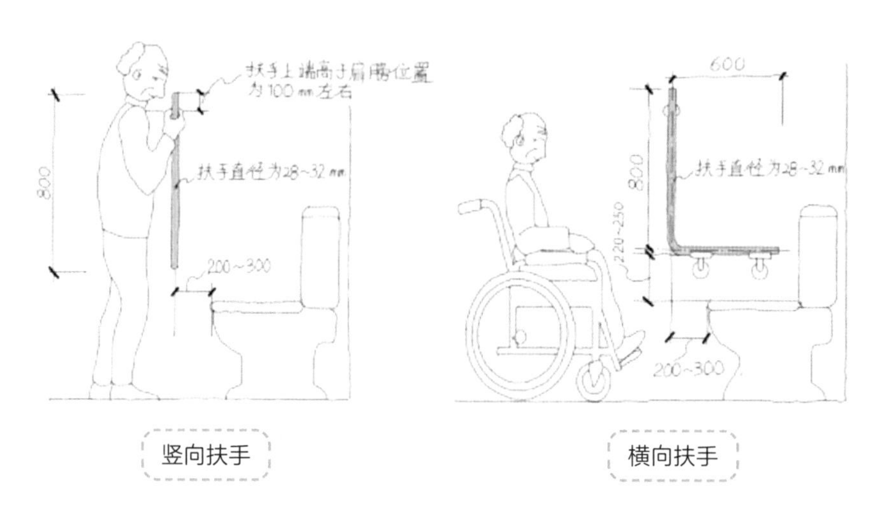

竖向扶手　　横向扶手

改造要点

❶ 将房门改为推拉门。
❷ 房门把手可以利用扶手。
❸ 沿着日常生活主要动线安装扶手并固定底座。
❹ 将裸露在外的电源线固定，以免绊倒。
❺ 强化扶手安装所需基层。
❻ 扶手采用连续性处理。
❼ 扶手高度及样式要根据老人状况进行定制。

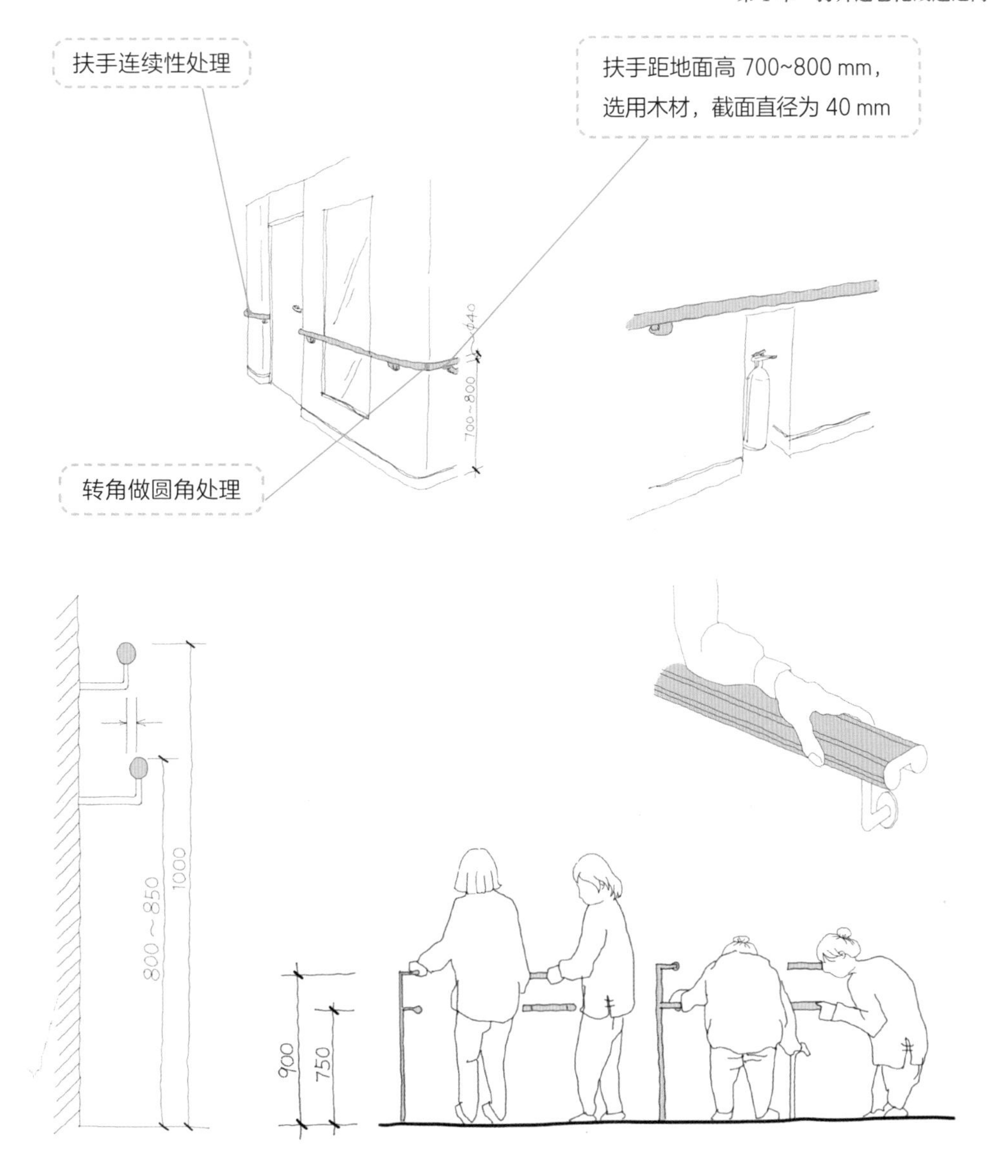

扶手的安装位置

1. 如果是用手握的扶手，高度设置为 800~850 mm。

2. 如果是以手肘靠着移动的扶手，则高度设置为 1000 mm 左右。

3. 卫生间内所采用的上翻式扶手的安装位置应以坐便器为中心，扶手中心距离坐便器 350 mm 为宜。

4. 采用容易开关门且容易手握发力的门把手。

5. 在玄关处的穿鞋凳附近，需设置便于起身的竖向扶手，两侧扶手和矮凳的横向距离为 200~250 mm。

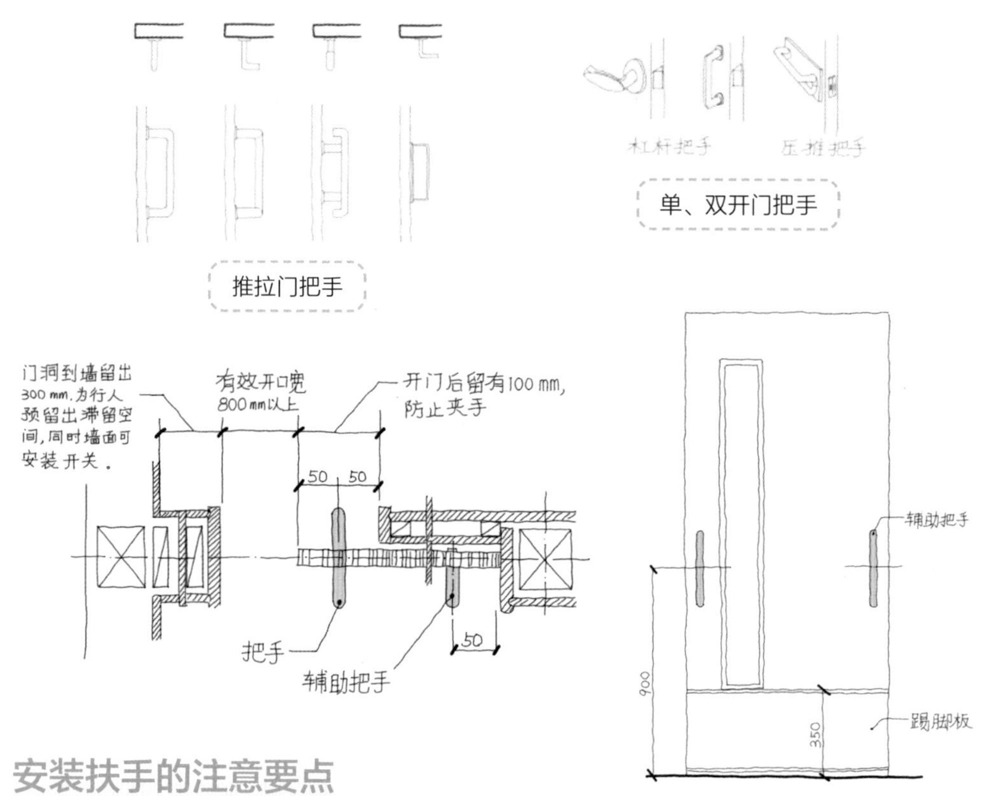

安装扶手的注意要点

1. 要考虑能够提供体重负载的稳定支撑。

2. 与墙面之间的空隙要保证手握住扶手时的活动空间。

3. 仔细考虑在家里日常活动需要搭把手的时候，可以在所有活动动线附近安装扶手。扶手可以帮助行走，也能够在站立和起身的时候起到支撑作用。

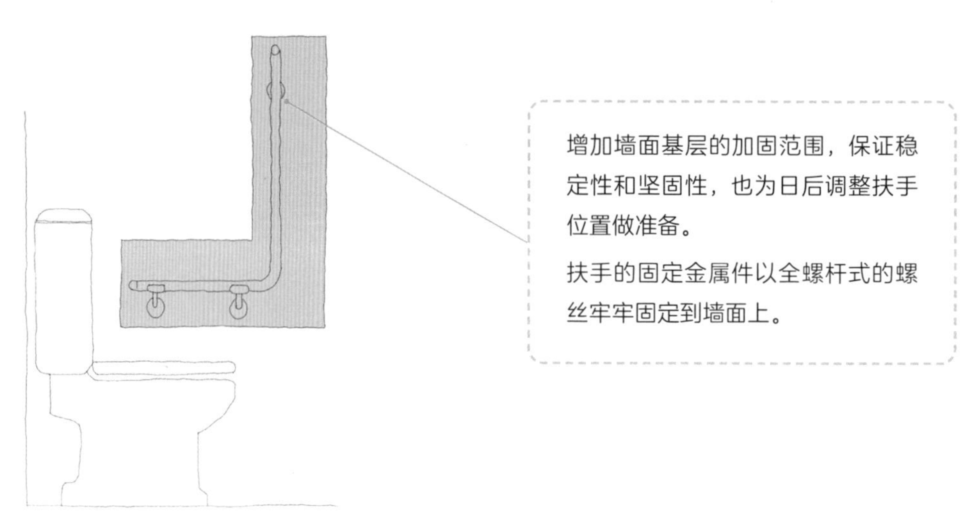

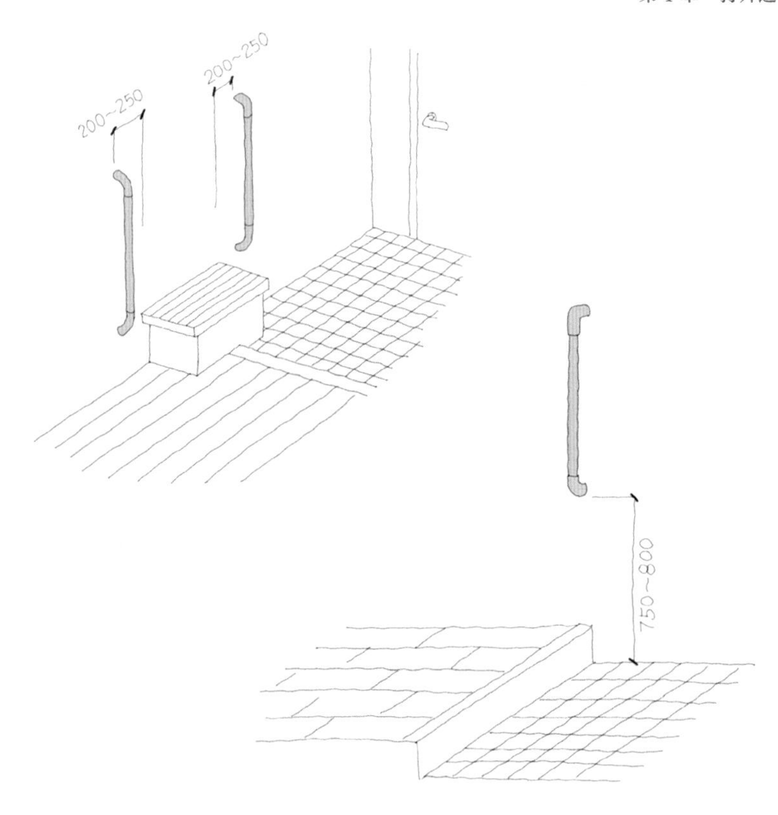

扶手的形状和材质

当圆形扶手设置在走廊、楼梯时，以直径32 ~ 36 mm为佳，设置在卫生间等处时，直径应为 28 ~ 32 mm，方便抓牢。

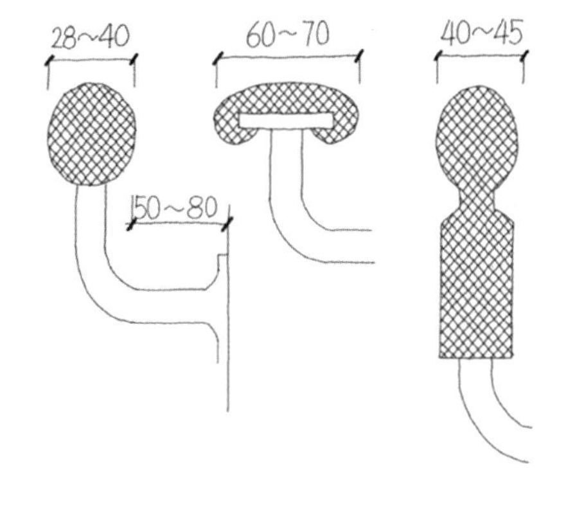

金属制的扶手容易受季节影响，冬季时冰冷，夏季时温热。因此应采用木制或包裹树脂等材料的扶手，更适合老人抓握。

扶手末端需向墙面内侧弯曲，仅在末端盖套结束的做法容易使扶手撞到身体或勾到衣服袖口，发生危险。

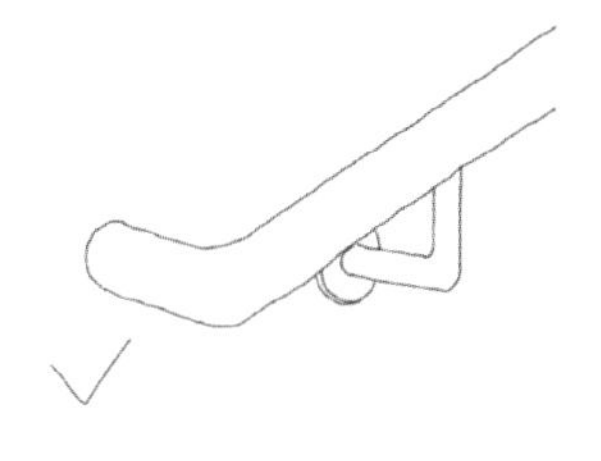
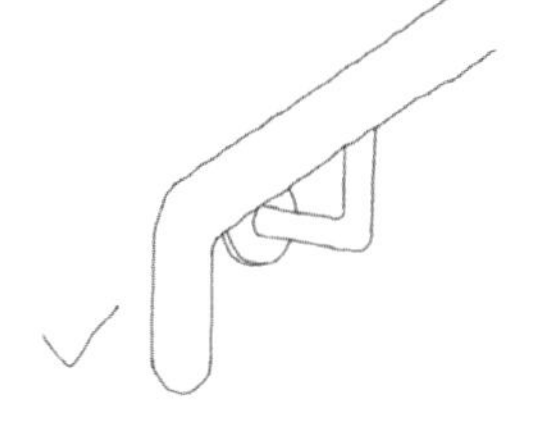
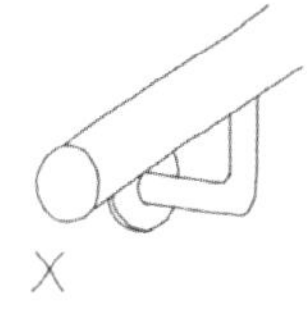

7　打开尺度适宜之门——收纳

家里人多的话，东西自然也多，原本不大的房子，让杂物占据了一大半。

爸爸妈妈会把物品都放到一起，需要找某个物品时非常麻烦，久而久之，原本常用的物品也会因拿取麻烦而放弃使用。

改造期望 ▶ 物品分类清晰，家中每个人都可以有自己的兴趣空间。

如果我有自己的柜子，就可以把自己的物品分类放好，拿取方便。

如果我有自己的小天地，就可以重新拾起爱好，做自己喜欢的事情。

尺度适宜的收纳的改造方法

日常生活空间改造要点

1. 收纳柜的深度在 600 mm 以上时，建议取消下部的柜门框，收纳柜底板可以采用与房间地板相同的装饰材料。

2. 卫生间附近的房间可以改成卧室。

3. 拆除隔墙，改用推拉门。

4. 调整家具布局，整合生活空间。

5. 拆除隔墙，将客厅、餐厅等一体化设计。

6. 每个房间均设有收纳功能，将零散存放的物品集中合理规划。

7. 跃层、别墅等住宅内设在二楼的卧室，可以合并到一楼，保留其功能，使布局紧凑，缩短移动距离，减轻上下楼负担。

收纳问题的关键在于“随手拿到”。当人在拿取物品时，手部活动范围仅限于以身体为中心、以臂长为半径的圆圈中，即“活动黄金圈”，在这个圈中的物品都是使用频次最高的。房间四周、过道两旁、门边……凡是半人高的架子或台面，都是人们习惯放取物品的地方。零钱、打开的书本、包裹、报纸、日常的信件、一张纸条……这些东西都应可以在这个“圈”内的架子上随手拿到。相反，如果没有这样的地方，东西不是被收拾起来，被遗忘，就是放着碍事，最后被清理掉。

在这个“圈”内搁放的都是一些日积月累、最常用的东西，收纳物品的关键词是“常用”。因此，在进行适老化收纳的改造过程中，应在老人生活和工作的房间周围设置一些常用的搁架，搁架应方便好用。由于这些东西因人而异，所以房间也变得独特且具有个性。

改造需求

孩子长大离家后，房间空置，堆满杂物。房间太大，不好清扫，老人无论是体力还是精力都不如从前了。

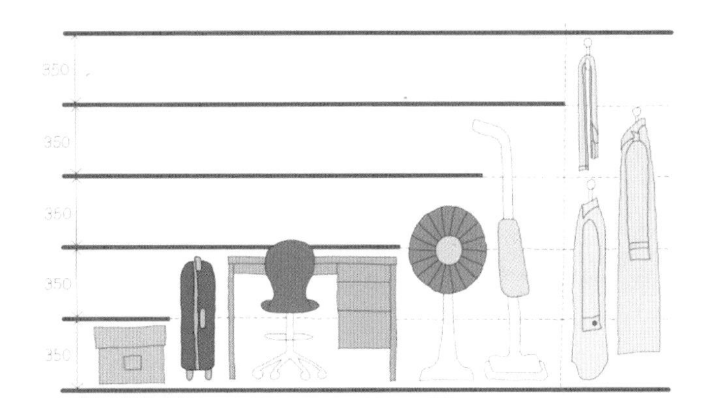

改造目标

以前的住宅是按照居住人数分割成不同的私密空间。居住者以夫妻两人为主的时候，可以对以前分割的小房间进行合并整合，按照实际的居住需求改动空间布局。例如去掉不承重的隔墙，改用推拉门等。

另外，将清洗晾晒等日常家务空间集中布置，可缩短活动距离，减轻负担，同时降低移动过程中摔倒的风险。

收纳改造要点

1. 房间的居住人数固定在两人时，可以采用一些透光的隔断，例如推拉门或者半窗隔断，提高房间利用率。

2. 收纳可以利用房间之间的隔墙，做一个厚度适中的壁橱，注意不要遮挡阳光。柜体深度也不宜做得太大，不利于找东西。

3. 经常使用的物品可以放在明显、开放的搁架上，搁架厚度可以根据收纳物品的大小来设计。

4. 书房内书桌的摆放应尽量利用面宽，可以横着平行于窗户布置，酒店里面经常采用这种布局。书桌可以和床及其他空间进行组合，各有利弊，主要取决于空间的进深和开间尺寸。

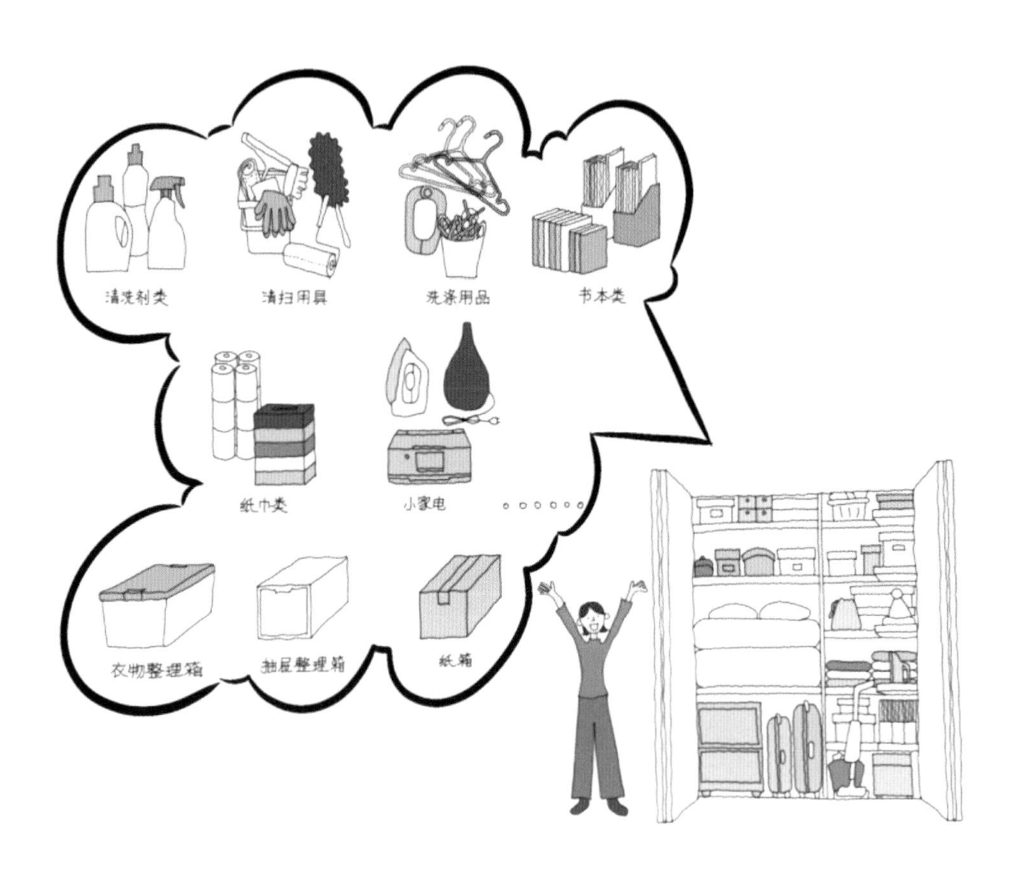

5. 洗衣机处的收纳空间进深大，所以最好采用开放式布置，毛巾柜上方做开放台面，方便放置换洗衣物和毛巾。

6. 卫生间的收纳应分区考虑，尽量将坐便器放在内侧，周边可以设置小台面或者增加扶手。洗面台周边可摆放牙刷等零散物品，或者做三面镜子。

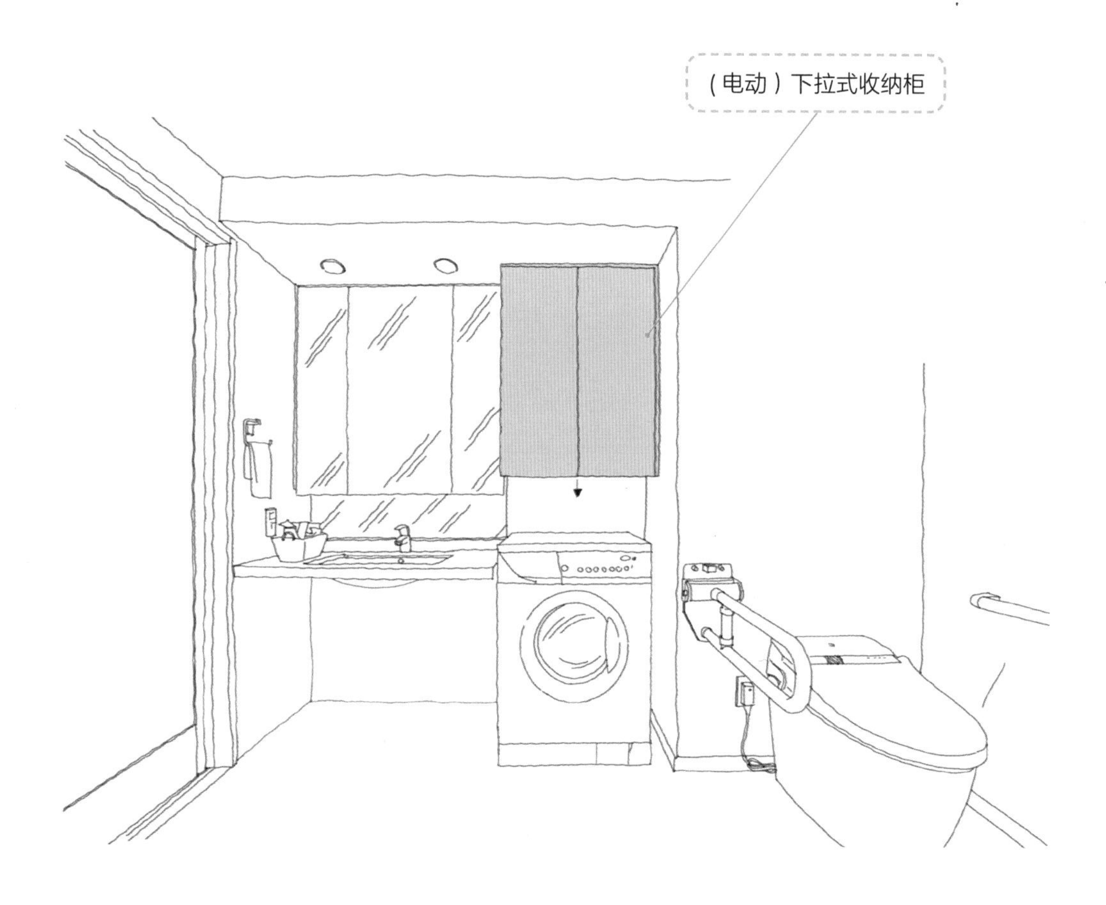

7. 床头板可以采用模数化设计。中间做成系统板，集中放置呼叫系统和开关、养护等必要的插口。床头的上方设有台面，用于放置书、眼镜、药瓶等物品。另外，背板后面的空间可以考虑做隐藏式照明。

将收纳柜做成长条形，进深为 220~380 mm，在底下设有架子或柜子

8．电视柜下面的抽屉可以放内衣等物品。

9．可采用加厚墙体的方式，将开放的搁架置于墙体中，既不破坏建筑结构，又能保持室内空间完整，消除安全隐患。开放搁架有多种用途，可放置盆栽花木、书本、盘子、纸张、漂亮的花瓶和旅行时采购的纪念品等，家里也不会因为物品收纳不妥而显得凌乱。

10. 一般来说，厨房或客厅之间的过道会存在一个过渡空间，而它属于消极空间，可以尝试有效合理地规划，赋予其功能，转变为积极空间。例如放置收纳柜，作为厨房、客厅的延长空间，既可以收纳储物，又具有装饰功能。

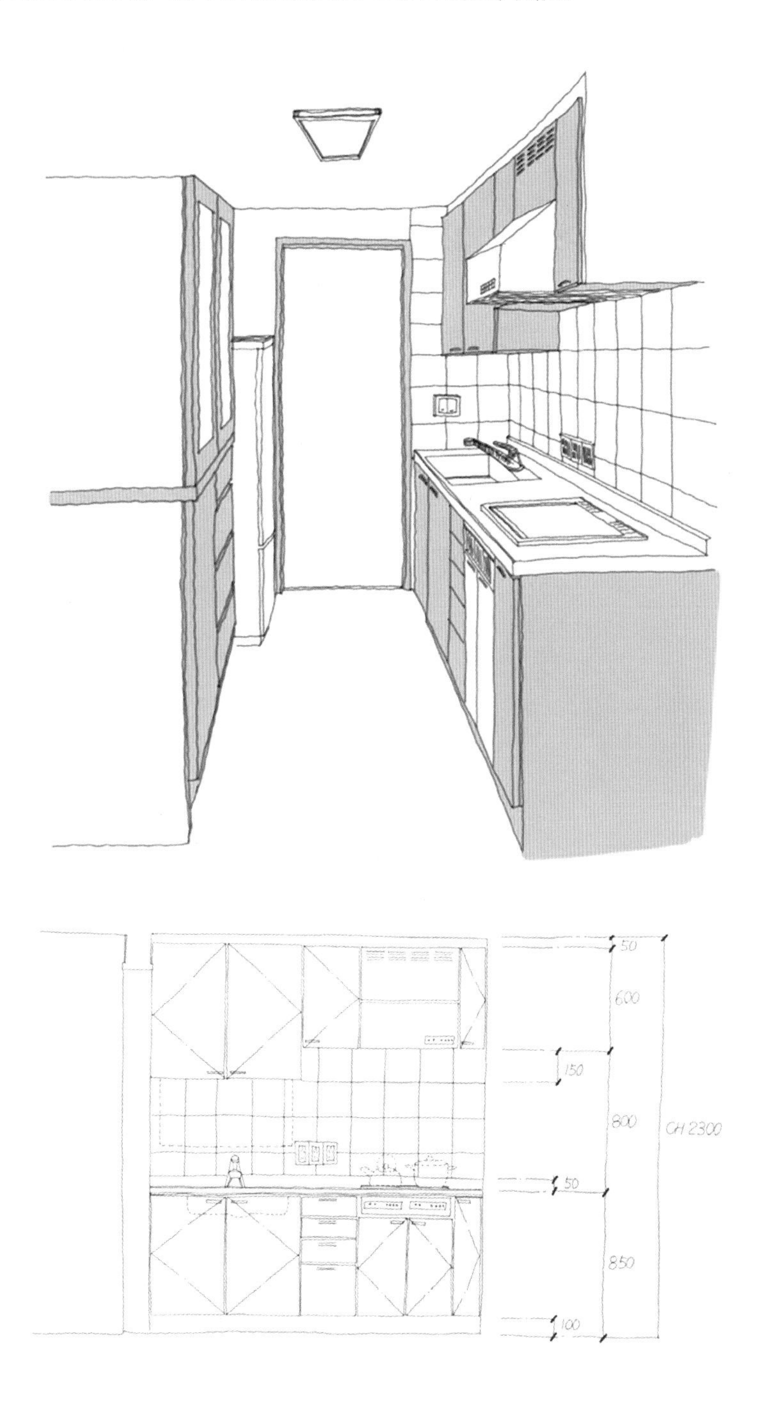

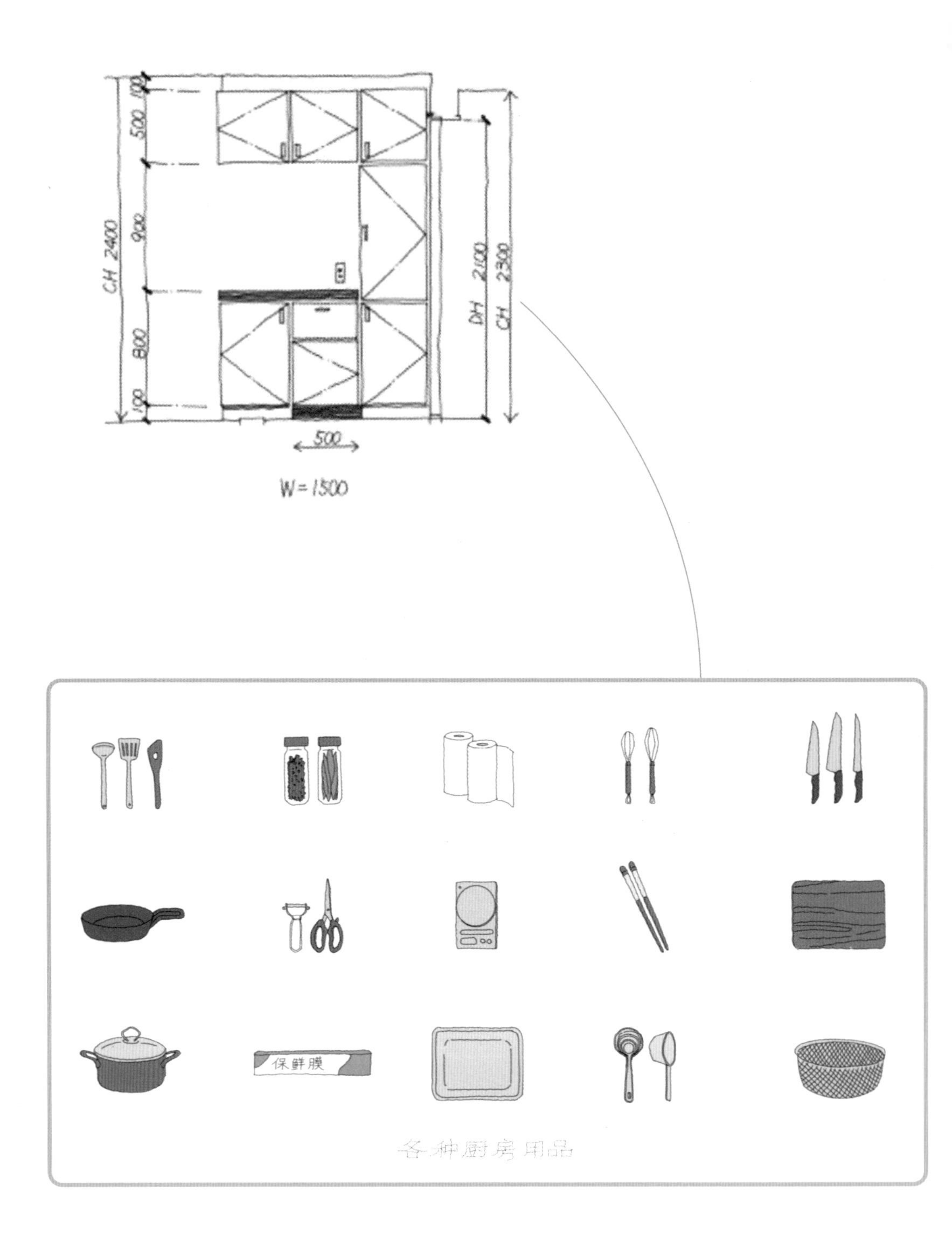

100
500
900
CH 2400
800
100
500
W=1500
DH 2100
CH 2300
保鲜膜
各种厨房用品

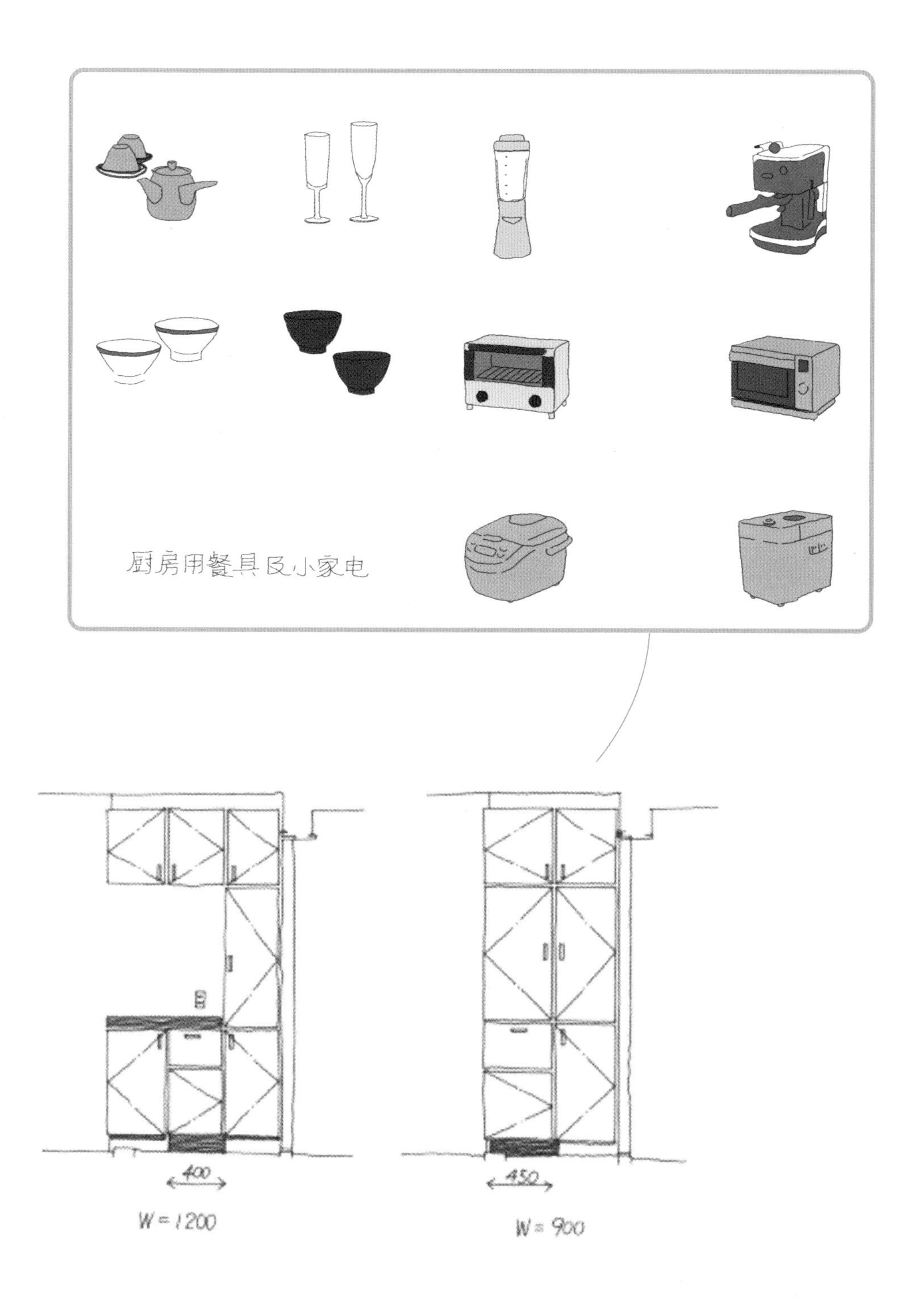
厨房用餐具及小家电
400
W=1200
450
W=900

8　打开可持续之门

改造期望 ▶ 合理改善房间功能及布局，实现可持续居住。

二人世界

孩子 10 岁前

二人世界

孩子 10 岁后～结婚前

可持续之门的改造方法

改造需求

改造前的住宅，好像是分割后的小盒子，要容纳家庭成员各自的生活隐私。当孩子们搬出去之后，这些空间失去了使用功能，长久空置不用，会变成堆放杂物的消极空间。建议把围墙去除，打通空间，按照父母居家养老的要求，重新划分功能，打开可持续灵活布局之门。

改造目标

将空置的房间改造成其他储藏空间、工作室、妻子的工作间等，以便居家养老生活更加丰富充实。可增加一些社交活动房间，方便在家里招待朋友或举办聚会等娱乐活动，有助于去除孤独感，继续积极规划第二人生。

改善升级空余的房间，首先需要确定房间的用途和使用功能，根据功能划分调整空间的平面布局，再细化必要的环境条件、设备和家居，确定改造重点区域和方案，最后落地改造。

改造前

以下梳理了有代表性的改造方案。

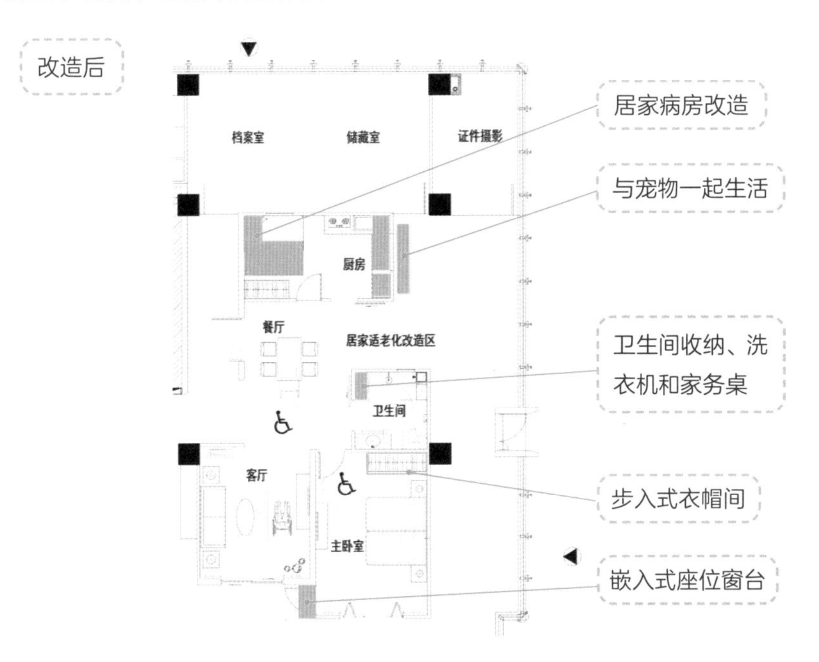

居家病房改造

当自己或配偶在日常生活中出现不便的时候，会选择对房屋进行局部改造或升级完善，对居住环境进行适当的升级和调整。此时应重点考虑增加照顾和护理用的空间，例如操作空间、照顾人员的居住空间等。

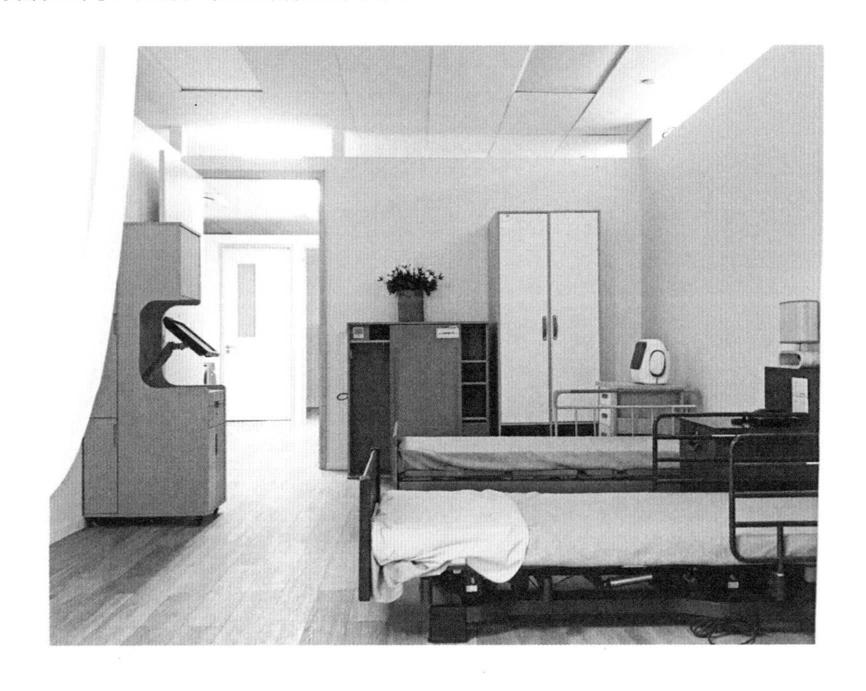

父亲的工作娱乐室

退休前，我们在工作与家庭之间每日穿梭；退休后，长久地待在家里，可以将多余的房间改造成为工作娱乐室。享受自己的爱好，从简单的感兴趣的开始，然后持续做下去，有一份坚持的兴趣活动，集中精力去做一项喜欢的事情，可以使心情稳定。

开放式厨房

夫妻两人家务、做饭烧菜都一起做。不要把做饭当作家务，吃饭才是开心的事。准备饭菜时旁边可以放一把椅子，坐着干活，累了还可以休息。

储藏间

将多余的空间改作壁橱或储藏室，用来储存不常用的物品，如行李箱、毯子、书籍等，以减少物品多导致通行不畅或摔倒的风险。储物空间的面积应占总建筑面积的15%~20%，这样不但方便日常打理，而且经济实惠，因为它无须装修。

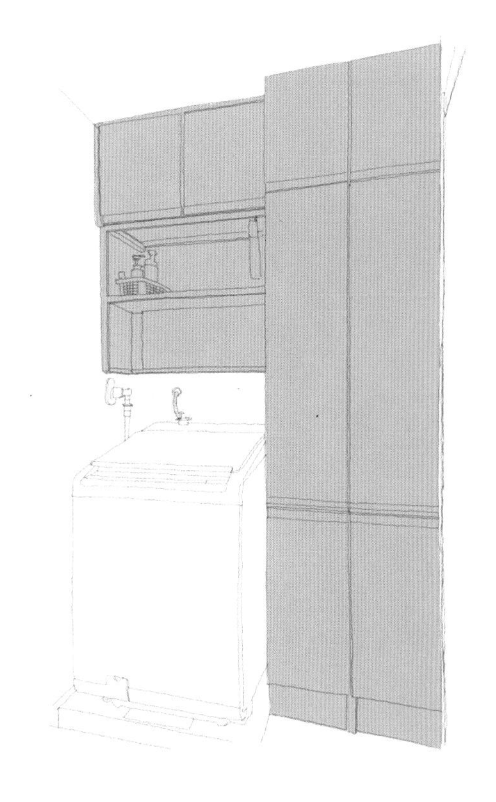

9 打开智慧生活之门

上次妈妈在家不小心摔倒，疼得无法起身拿手机呼救，真的很惊险。

保姆不在家爸爸一个人的时候，我也担心爸爸出意外却无法及时发现。

改造期望 ▶ 老人主动拥抱数字化的生命样态，享受智慧生活。

智能家居辅助我照顾妈妈，时刻了解老人的生理和心理状态。

高科技的设备帮助妈妈有效地做康复锻炼。

智能化家居的改造方法

1. 更新厕所、浴室、厨房内的相关设备，确保安全、方便、舒适。

2. 为了提高外出时的便利程度并且预防犯罪，可以安装电动百叶窗、自动照明、安全摄像头等。

3. 提高日常生活的便利性，以互联网线路和无线 Wi-Fi 等信息交流设施为主。

4. 替换为安全的炊具，建议选择带有熄火保护装置的款式。

5. 引进或使用具有监控功能的设备和紧急呼叫系统。

6. 安装住宅火灾警报器，警报声易于被听到。

7. 使用可控制浴缸热水温度的热水器。

8. 替换为坐着即可操作使用的厨房台面和洗面台。

9. 安装通信设备，起到预警和预防作用，提高日常安全性。

10. 减轻家务劳动负担，提高生活便利性。

改造需求

随着老龄化社会、少子化社会的发展，智慧城市、人工智能等的应用为家居生活提供更好、更方便的体验日益成为发展趋势。一些家务转由人工智能机器承担，例如打扫房间、做饭，煤气、水电泄漏等风险管控也由监控设备完成。现在“60 后”一代熟悉互联网，能够熟练使用智能手机和一些智能设备。未来，他们身体机能减退，需要家人陪伴时，也可以通过人工智能来辅助完成。

改造目标

使用科技类产品可以减轻家务负担，提高生活的便利性和安全性，也可以辅助老人做以前能做但现在做起来有困难的活动。

智慧养老的核心要素是“智能”

智慧养老，是以互联网、物联网、大数据、云计算等为代表的“智慧”技术在养老中的具体应用。

在“智慧生活”的概念之下，智慧养老通过构建智能化养老服务系统，以社区为依托，以居家为基础，以智能化平台为纽带，整合社区养老、医疗卫生、教育、就业服务、文娱体育等各类养老服务资源，为老年人提供全方位、多样化、多层次的养老服务，让老年人更好地融入智慧生活。

相关智能设备

节能设备设施

1．高效热水
2．太阳能热水系统
3．节水坐便器
4．节水水龙头
5．LED 照明
6．可坐着使用的厨房
7．浴室梳妆台等
8．家用电梯

减少家务的装置和设备

1．内置洗碗机
2．易清洁抽油烟机
3．内置自动熄火的燃气灶
4．浴室烘干机
5．易清洁坐便器

保障安全的装置和设备

1．电动锁（入户门）
2．电动百叶窗、自动照明、门铃
3．监控摄像头、火警监控系统
4．紧急呼叫系统（安全系统）

与通信有关的装置和设备

1．有线网线
2．Wi-Fi 设备配件等

智能手表

智能手表通过通信网络和云端的模式，可远程采集老人的健康数据，借助专业血压计、血糖仪、体重秤等医疗配件，实时、准确地监测血压、血糖、体重等数据，并与第三方合作，提供从监测到寻医问诊的一站式健康服务，并及时提醒老人体检。

一旦突发疾病，可以使用手表直接一键呼救和定位，便于及时救助，还可以设置吃药提醒时间。

智能手杖

老年人有时会忘记回家的路。可以在老人使用的智能手杖中内置卫星定位系统，帮助老年人找到回家的路，并同步向计算机或手机发送信息，同时可以有效监控老年人心率和体温等生命特征。

计算机或手机的系统监控可查看智能手杖所在的位置，同时呈现老人的生命体征，即手杖上的拇指触碰按键监测到的心率、体温等信息，还能显示手杖着地的次数。如果探测到异常，智能手杖会自动开启应急服务和定位导航功能。

一些手杖顶部的 LED 屏上可显示方向提示，如果老人需要改变方向，手杖将发生震动，并出现一个较大的箭头指示应该转向哪个方向，帮助老人快速找到回家的路。

智能手杖上的箭头，可以指引老人找到回家的路

机器服

机器服即“混合助力肢”。如图，这是一套腿部外肢，由金属和塑料制成，受电池驱动，可感知人体肌肉的细微活动并帮助人体完成相应的动作，特别适用于由于衰老、虚弱而丧失正常活动能力的人。

混合助力肢

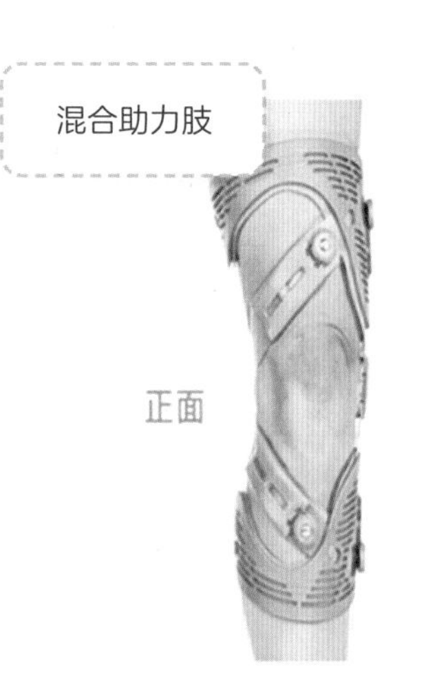

正面

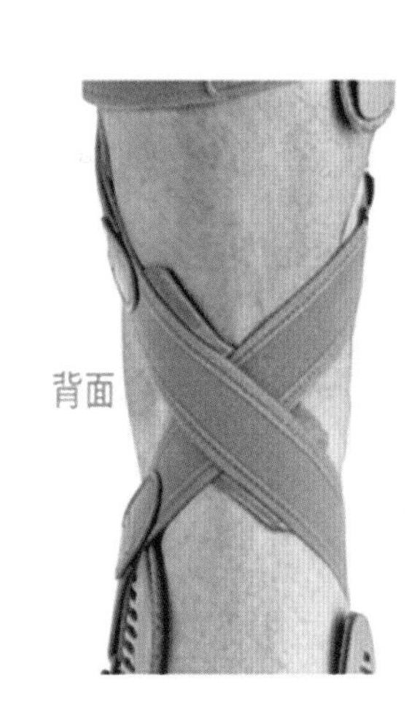

背面

智能眼镜

自动变焦的电子眼镜能根据佩戴者视野的变化，随时调整镜片的聚焦点。如此一来，老人就不必频繁摘戴老花镜了，而且这种多功能眼镜还能当作太阳镜。

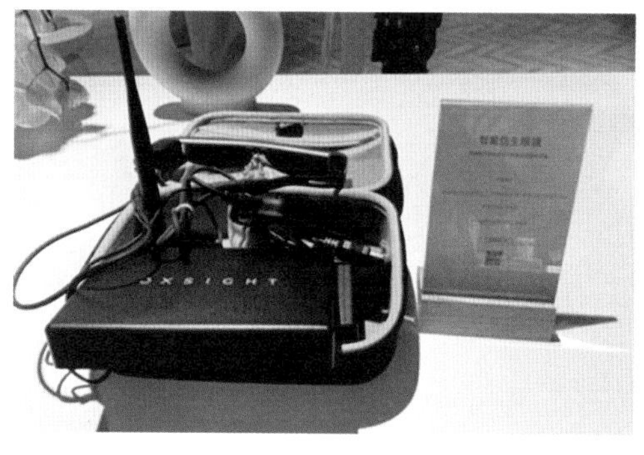

智能眼镜

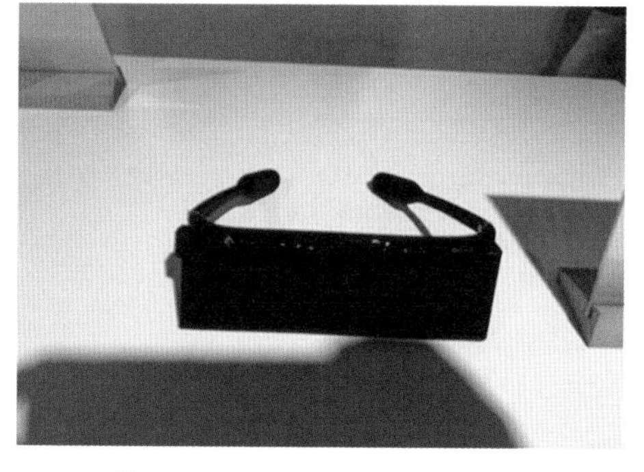

睡眠眼镜

老人专用车

根据老人的生理特征设计，车子视野开阔，乘坐舒适。为提升老人在车厢内的舒适度，车身框架预留空间比一般轿车要宽敞。

老年机器人

这是一种外表像老年人的机器人。这样的老年机器人在帮助老年人处理日常家务时，往往与老人有更多的共同语言，能与老人融洽相处。

老人防撞服

老人防撞服包括防撞帽、防撞外衣，都采用膨胀式设计。如果老人因血压升高头晕眼花，突然摔倒，穿上这种服装会减小受伤的风险。防撞帽在帽子中安装有电子防撞器，当头部倾斜异常时，系统会指挥防撞器张开，使老人感到像是有人搀扶一样。即使倾斜速度很快，防撞器来不及反应，老人也不会受伤，因为头部已被防撞器的弹簧张力支撑。

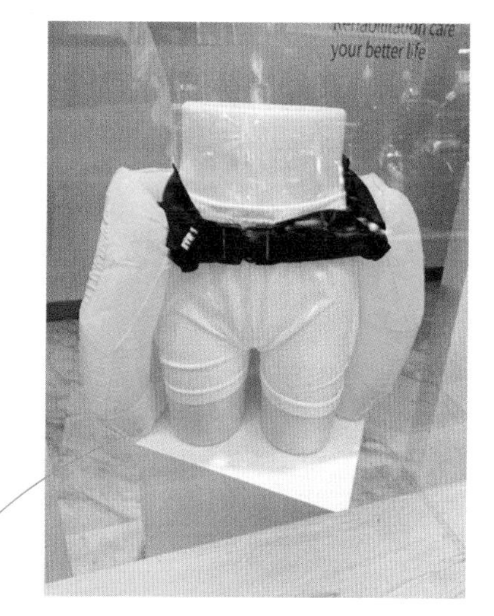

下面就开始改造我们的家吧！

第 2 章
开启改造之旅

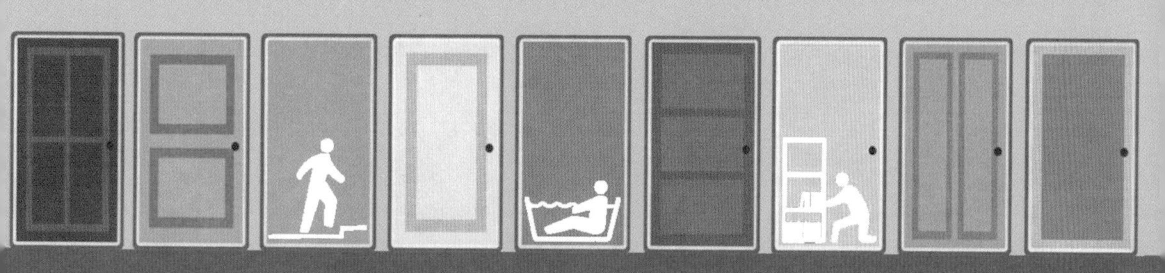

1　老有所依的家——大军爸爸家的微改造

按照您爸爸的情况，2046养老生活馆的工作人员会上门进行调研、记录，为老人定制一个适合他的居家环境。

专业人员上门实地测量

大军：“我爸爸患有阿尔茨海默病，走路不稳，需要考虑辅助行走。从‘9 扇改造之门’走出来后，家中的改造需求清晰了，整体的框架和思路也逐渐明确了。”

小露：“大军爸爸家虽然是老房子，但房间环境不错，我们首要关注的是针对下肢力量弱的定制化改造，另外，长时间便秘需要辅助工具，所以可参考第 4、5、6 扇门的改造方案。相比之前不知道从哪里开始，现在脑海里想着房间的布局，先从走廊、卧室和两个卫生间开始。”

小娜：“另外，改造项目还需要专业人员上门实测。”

项目改造

项目概要

大军的爸爸 80 多岁，是阿尔茨海默病早期患者。上门评估后，家中的两个卫生间和客厅的走廊需要进行改造。另外，由于老人起床困难，卧室也需要改造。

改造需求

大军的爸爸现在可以借助拐杖或者在住家阿姨的帮助下上厕所、洗澡、吃饭，之后可能要坐轮椅或卧床。大军希望从现在开始，无论爸爸的病情发展到什么阶段，家里的环境都可与爸爸的情况适配，提供必要的支持，帮助自己和家人，也减轻照顾爸爸的看护人员的负担。出于健康考虑，目前他要求爸爸能够在能力范围内，自行完成一些必要的日常活动。

居家适老化改造需求评估

<table>
<tr><td rowspan="4">客户资料</td><td>编号</td><td></td><td>年龄</td><td>岁</td><td>生日</td><td>年　月　日</td><td>性别</td><td>□男□女</td></tr>
<tr><td rowspan="2">姓名</td><td rowspan="2"></td><td colspan="2" rowspan="2">照顾等级</td><td>自立支持</td><td colspan="3">需要照顾等级</td></tr>
<tr><td>1　2</td><td colspan="3">1　2　3　4</td></tr>
<tr><td>地址</td><td colspan="7"></td></tr>
<tr><td rowspan="5">项目委托资料</td><td>项目启动</td><td colspan="3"></td><td>项目完成</td><td colspan="3"></td></tr>
<tr><td>受托单位</td><td colspan="7"></td></tr>
<tr><td>项目概要</td><td colspan="7"></td></tr>
<tr><td>设计团队</td><td colspan="7"></td></tr>
<tr><td>联络方式</td><td colspan="7"></td></tr>
<tr><td rowspan="2">适配评估</td><td>上门日期</td><td>年　月</td><td rowspan="2">评估内容</td><td colspan="5" rowspan="2"></td></tr>
<tr><td>姓名</td><td></td></tr>
</table>

注：这里需要填写的主要是“照顾等级”。照顾等级是对个人日常生活活动能力（ADL）的可视化指标。一般由专业的评估机构负责评估。自我评估时，有一个简单的判定方法，即自立支持和照顾等级的分界线，在没有他人帮助的情况下，是否可以独立生活，完成日常生活行为活动。

改造后期望效果

改造效果达到老有所依，创造一个让家人信赖、放心的居家环境。爸爸的家在不同阶段都能够达到安全照顾的要求，并通过改造解决问题，增加辅助设施为老人提供方便和安全。

居家日常包含一系列综合性活动。例如洗澡、如厕、起床穿衣、睡眠、饮食、坐站行走、清扫保洁、衣物换洗等，以及借助轮椅和护理床等辅具完成的一系列日常活动。家里的环境要为自立自助的生活提供支持。

用户下肢和躯干的运动能力评估

用户分类	下肢和躯干的运动功能		
	使用轮椅者	不使用轮椅者	其他下肢障碍者
移动行走	■通行困难 楼梯陡坡入口窄	■通行困难 楼梯陡坡入口窄	■通行困难 楼梯陡坡入口窄
	去除高差	安装扶手	安装扶手
	缓坡	去除高差	去除高差
	扩大出入口通道宽度	缓坡	缓坡
	增加操作空间	扩大出入口通道宽度	扩大出入口通道宽度
	他人帮助	休息空间	休息空间
	休息空间	—	—
行为活动	■够不到	■稳定性差 无法做细致操作	■稳定性差 无法做细致操作
	降低操作位置	方便单手操作	方便单手操作
	操作方便的工具	操作方便的工具	操作方便的工具
	辅助人员	自动化	自动化

评估老人需要的居住环境

日常活动能力

大军爸爸在接受了阿尔茨海默病的脑部治疗手术后，老人每年定期去复诊一次。在行走能力方面，脚底虚浮，容易摔跤，走动的时候需要阿姨在另一侧扶着。排泄、洗澡还有洗脸时需要阿姨陪同协助，大军爸爸不能独立完成，吃饭也需要辅助。走路是醉酒步态，阿姨有时候也扶不住。

日常生活居住方式

大军爸爸居住在单独的卧室，卧室内有卫生间，里面还有淋浴间和浴缸。从卧室走到客厅，中间有一个 8 m 长的走廊。走廊中间位置有次卫生间，靠近客厅，爸爸平时在客厅里看电视时会使用次卫生间，内有洗手盆和坐便器。卧室内是双人床，床有点高，起床的时候需要借助栏杆和脚踏。晚上睡觉时，需要在床边加栏杆，避免跌到床下。

辅助器具使用情况

外出的时候使用轮椅，还需要使用纸尿裤。在卧室内的床边安装了护床栏杆。翻身垫是为阿姨准备的，晚上需要使用翻身垫帮助老人翻身。

适老化改造前后用户辅助器具使用情况

用户活动能力				
需要护理（包括主要照顾者）				
适老化改造要求				
旧家具、洁具等设备房间概要				
辅助器具使用情况	改造前	居家适老化改造后推测	改造后	说明备注
● 轮椅	□		□	
● 特殊护理床	□		□	
● 褥疮预防设备	□		□	
● 移位机	□		□	
● 扶手	□		□	
● 坡道	□		□	
● 助行器	□		□	
● 拐杖	□		□	
● 床边坐便器	□		□	
● 移动用升降机	□		□	

续表

辅助器具使用情况	改造前	居家适老化改造后推测	改造后	说明备注
● 坐式马桶座圈	□		□	
● 特殊排尿装置	□		□	
● 洗澡椅等用品	□		□	
● 步入式浴缸	□		□	
● 升降式洗面台	□		□	
● 入浴升降装置	□		□	
● 地面防滑装置	□		□	

遇到的困难

排泄

1. 移动。从客厅移动到卫生间时，阿姨在爸爸的一侧扶着，另外一侧没有支撑，身体容易倾斜，通往卫生间的走廊墙上需要安装扶手。

2. 开门。在卫生间门口，阿姨开门的时候，一只手抓不住会让爸爸有摔倒的风险，所以需要在卫生间门口安装竖向扶手，让爸爸抓住扶手，阿姨去开门。

3. 坐下和起身。稳定坐姿，需要借助外力，在坐便器前方安装扶手，预防身体前倾摔倒。大军爸爸因为便秘，在卫生间时间会较长，起身时因脚麻容易摔倒，需要在坐便器边安装一个竖向扶手帮助稳定身体。穿脱衣服也需要辅助。

4. 清理和擦拭。采用全自动坐便器，可以自动清洗。

入浴

1. 浴室在卧室内，浴室内没有更衣的地方。大军爸爸洗澡时，衣服都扔在地上，需要增加更衣的地方。由于洗澡容易摔倒，应在墙面上安装扶手，置办洗澡椅，淋浴间水龙头的安装位置需调整。

2. 浴室门口采用平开门，在家里使用轮椅的时候，开门不方便。

3. 进出浴缸有困难，浴缸周边需要扶手才能安全进入。

4. 在浴室内活动、淋浴时身体不稳定。

5. 在浴缸内保持坐姿稳定、身体不倾倒有困难。

外出

现在的鞋柜太占地方，因为要使用轮椅，需要改造鞋柜，否则影响轮椅出入。室内室外无高差。

适老化改造前后用户行动困难改善情况

日常生活活动			遇到的困难	改造后效果预期	
排泄	□	独立走到卫生间		□	希望能独立完成不需帮忙
	□	独立出入卫生间（包括开门和关门）		□	改造后能完成
	□	如厕时独立坐下和起身		□	安全规划，预防跌倒
	□	如厕时穿脱衣物		□	按照自己情况方便操作
	□	排便时稳定身体		□	降低不安全因素，缓解焦虑
	□	清理和擦拭		□	减轻照顾者的负担
	□	其他		□	其他
入浴	□	走到浴室		□	希望能独立完成不需帮忙
	□	穿上和脱下衣服		□	改造后能完成
	□	进出浴室门（包括开门和关门）		□	安全规划，预防跌倒
	□	进出浴缸		□	按照自己情况方便操作
	□	浴室内活动		□	降低不安全因素，缓解焦虑
	□	淋浴时稳定身体（使用沐浴露和洗发露时）		□	降低不安全因素，缓解焦虑
	□	浴缸内保持姿势		□	身体不倾倒
	□	其他		□	其他
外出	□	走到门口或室内走动		□	希望能独立完成不需帮忙
	□	室内有台阶或者有高差		□	改造后能完成
	□	需要使用或者离开轮椅		□	安全规划，预防跌倒
	□	穿上和脱下鞋子		□	按照自己情况方便操作
	□	门口进出（包括开门和关门）		□	降低不安全因素，缓解焦虑
	□	从家门到楼门室外户外活动		□	降低不安全因素，缓解焦虑
	□	其他		□	其他
其他日常活动					

改造方案

大军事先为爸爸家里安装了中央空调，在房间内也安装了墙面水暖器，房间南北通风，自然采光很好，窗户也是新换的。所以为大军爸爸提供的适老化改造方案，主要针对老人下肢行走能力弱和便秘的特点，将改造重点放在卫生间、走廊无障碍设计和卧室空间的一体化微改造设计上。

打开清爽方便之门——卫生间

1. 房门改为推拉门，方便如厕，去除高差门槛。
2. 安装坐便器插座。
3. 安装扶手，方便站坐使用，并加固安装用的墙基。

主卫生间改造

改造前

改造后

打开安心舒适之门——浴室

1. 安装带扶手的洗手盆。
2. 安装扶手，方便进出浴缸。
3. 安装扶手，方便进出浴室，最好选择安装在更衣室一侧。
4. 更换设备，如水龙头、花洒。

打开量身定做之门——扶手

1. 房门改为推拉门 。
2. 可以利用扶手作为房门把手。
3. 沿着日常生活主要动线安装扶手并固定其底座。

浴室改造

改造前

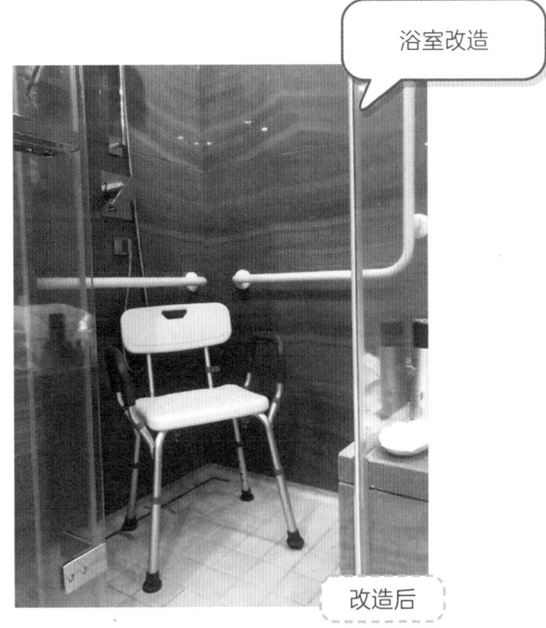

改造后

打开尺度适宜之门——收纳

1. 合理规划收纳，将收纳空间合并。
2. 衣柜内安装可下拉置物架。
3. 调整家具布局，整合生活空间。

打开可持续之门

1. 将室内空间零碎功能合并到一处。
2. 卧室和起居室一体化。
3. 将卧室床从一般床改为护理床。
4. 采用多功能大卫生间，功能合并，缩短距离。
5. 洗脸盆、坐便器周边设扶手和增高垫。
6. 卫生间内增加收纳柜，方便更衣。
7. 需考虑未来请阿姨后的共同活动空间。
8. 改造的核心是房间内配置帮助系统设施。

卧室改造

走廊改造

次卫生间改造

改造前

改造后

小露带大军来到 2046 养老生活馆内的辅助装备和器具展示区。大军爸爸的卧室和卫生间中，将来会用到哪些辅助装备和器具，他看着评估表一头雾水。大军爸爸外出的时候会坐轮椅，平日在家里很少使用轮椅。如果将来爸爸居家也需要轮椅的话，该选择什么样的轮椅？需要护理床吗？还需要其他的辅助器具吗？带着心中的疑问，大军想进一步了解辅具，为爸爸选择合适的辅具，减轻照顾他的负担。

适合大军爸爸的日常生活辅助装备和器具

辅助装备和器具包括：轮椅、护理床、移位机、助行器、坐便椅、移动升降机、坐便器座圈、洗澡椅、步入式浴缸、升降式洗面台、入浴升降装置等。

轮椅

轮椅的好处在于可以扩大使用者在生活中活动的范围，让他们做想做的事情，去想去的地方，减轻照顾者的负担。轮椅使用者可以离开床，安全移动。

如何选择一辆适合自己的轮椅？先想一下，轮椅是在家里用还是出门用，乘坐轮椅的时候需要他人协助还是可以自己移动，以及什么时间使用轮椅。

轮椅根据使用需求和使用者情况主要分为三大类，一是自走型轮椅，二是照顾推行用轮椅，三是电动轮椅。

自走型轮椅是用手控制后轮上的手轮，主要是使用者自己控制，手闸也在后轮的前面，后面还有一个辅助刹车，主要在推轮椅的时候用。

大军的爸爸使用的是照顾推行用轮椅，主要靠推。这种推行用轮椅的后轮比较小，轮子上面没有手轮，前轮可以自如改变方向。主要优点是：车轮直径小，车体轻便，可以减轻推行者的负担。

电动轮椅是电力驱动的轮椅。当移动时间较长、消耗体力较多时，可以选择电动轮椅。缺点是重量比一般轮椅要重。在日常生活中，去稍远的地方也可以使用电动三轮车和电动四轮车。

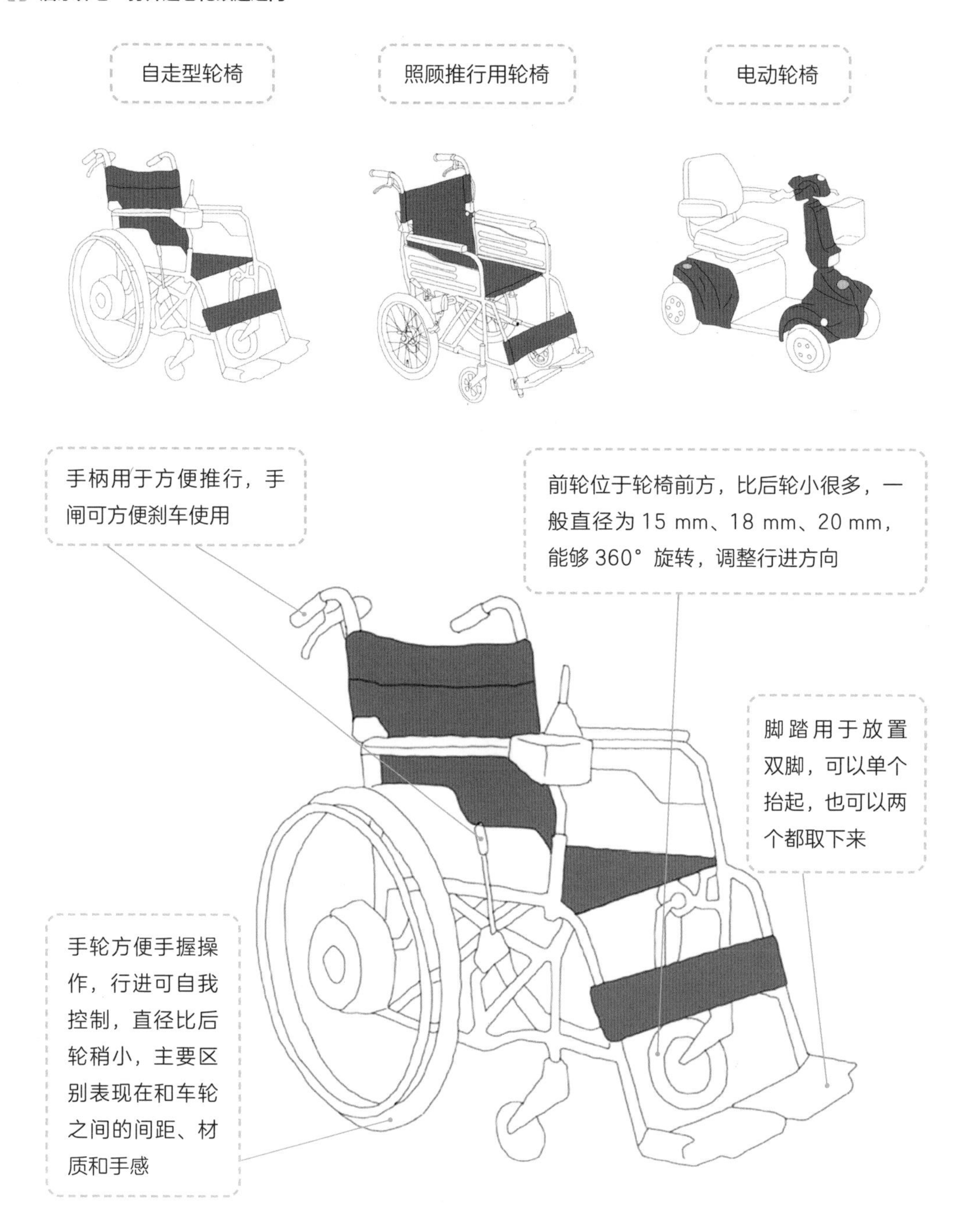

护理床

护理床是家具，也是帮助睡眠的工具。如何根据大军爸爸的身体情况选择合适的床？主要考虑使用者的需求。护理床的基本功能有辅助起床、抬腿、坐起及帮助翻身等功能。当起床有困难需要帮助时，使用护理床可以减轻家人和看护阿姨的负担。

家用护理床的尺寸分为 1．1 m 和 0．9 m 两个型号，在选择的时候，要考虑购入护理床希望实现哪些功能，这一点很重要。床越大越舒服，躺在床上上升、下降过程中产生的恐惧感也更少，方便身体活动。如果房间空间狭窄，轮椅移动或者照顾空间不足，反而会增加工作量，因此选择护理床的时候还要考虑房间的大小。

床垫选择也是关键。护理床垫和日常使用的床垫不一样，主要在于床垫与电动护理床的起伏要贴合，应选能够随着背部、膝盖和腿部调整的。不能用太厚的床垫，如果床垫太厚的话，就不能灵活地配合床调整。另外，从照顾角度看，硬床垫比软床垫更方便翻身等护理，但是长久使用太硬的床垫会不舒服，应以使用者的舒适感受为准。此外，方便清洗也是选择的关键点之一。

另外，床头板、移动辅助栏、遥控器、床防护栏、防滑床垫、床尾板等选择需要根据使用者的身体状况、日常生活和护理情况而定。

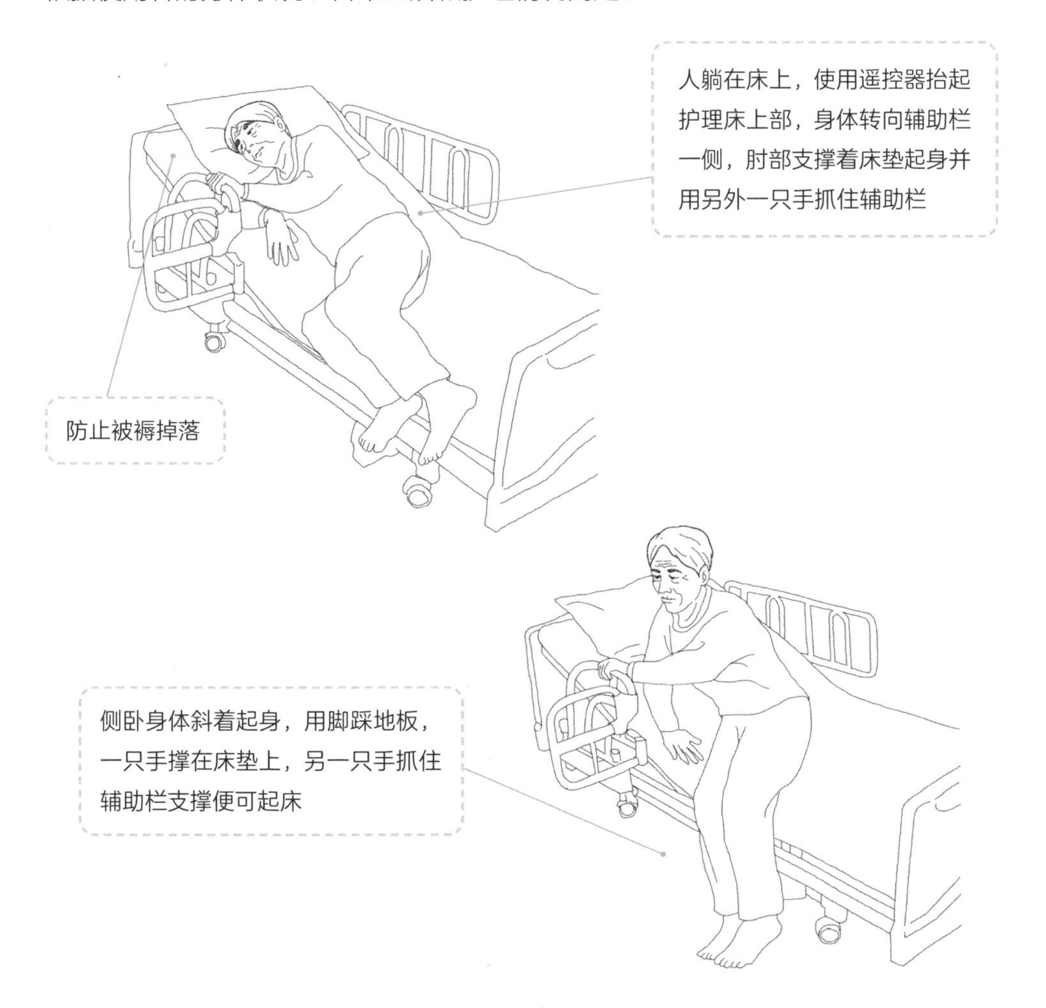

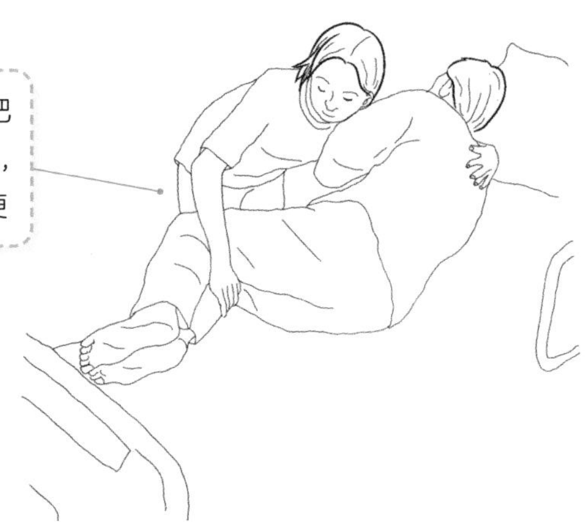

移位机

移位机是帮助移动的辅助设备。多数人对移位不了解。请问，人从椅子上走到床上躺下，需要分几步？可分为站起、走过去、稳定身体、转身坐到床上、躺下五个连贯动作。大军的爸爸不能自己完成这一系列动作。其他系列动作如坐到坐便器上、跨入浴缸洗澡等，也无法仅靠自己完成，需要借助他人帮助，或是选择辅助设备。改造居住环境后可借助一些移位设备，帮助他自己完成这一系列动作。

移位机有自立式、地面固定式及天花轨道吊装式。如果考虑使用移位机，那么在适老化改造的时候就要确定设备类型，保证可以安装。其他移位设备还包括方便从床上移动到轮椅上的及移动到坐便器上的设备等。

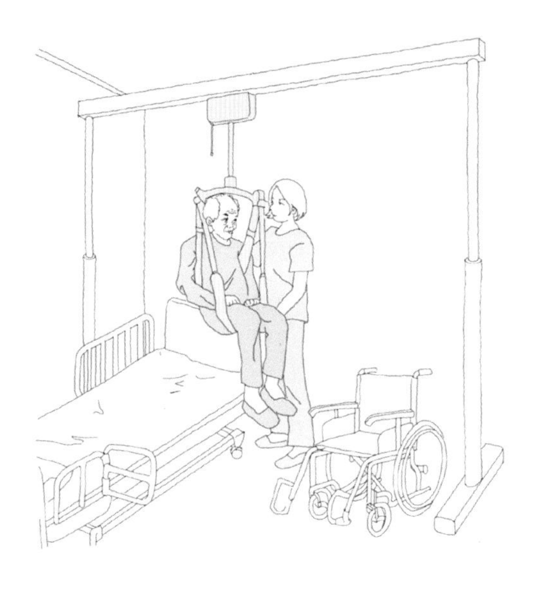

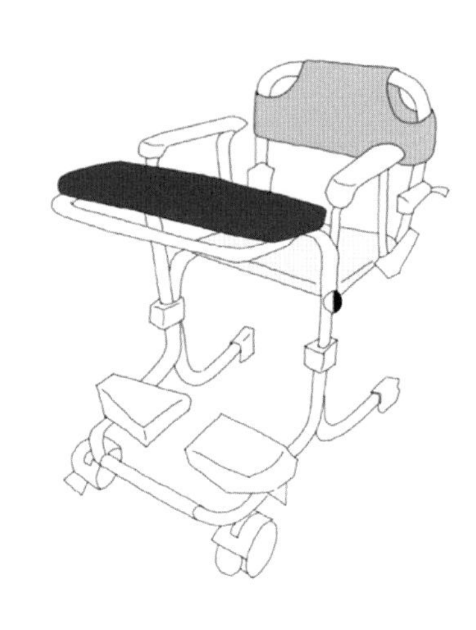

助行器

最需要照顾的人群是脑卒中患者，其次是认知症患者，再次是骨折和摔伤者。一般需要辅具或简单帮扶的多是可以自主自立生活的人群，其中关节炎患者居首位，其次是身体衰弱、脚力不稳的高龄者，第三位是摔倒和骨折者。

根据个人身体条件差异，需要的助行器也不同，有最简单的拐杖、四脚拐杖、多脚拐杖，还有抬起式助行器、台式助行器，以及智能助行车，可以推着作为购物车使用。

安全行走可以分为自主行走、扶墙行走、拄拐行走、用助行器行走等方式。使用助行器行走的时候，需要保证房间走道宽度。适老化改造时，应在必要的位置安装扶手。

助行器可以帮助患关节炎或骨折者、中风后居家康复者、高龄者、帕金森患者、脑梗后遗症患者、视力弱化者如白内障患者等行走有障碍的人群独立生活。

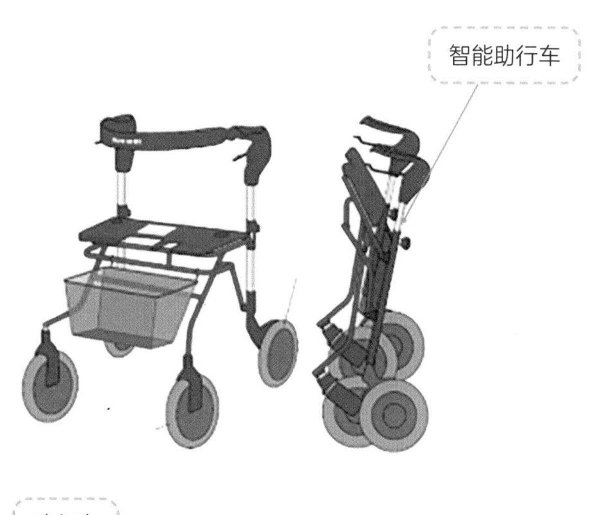

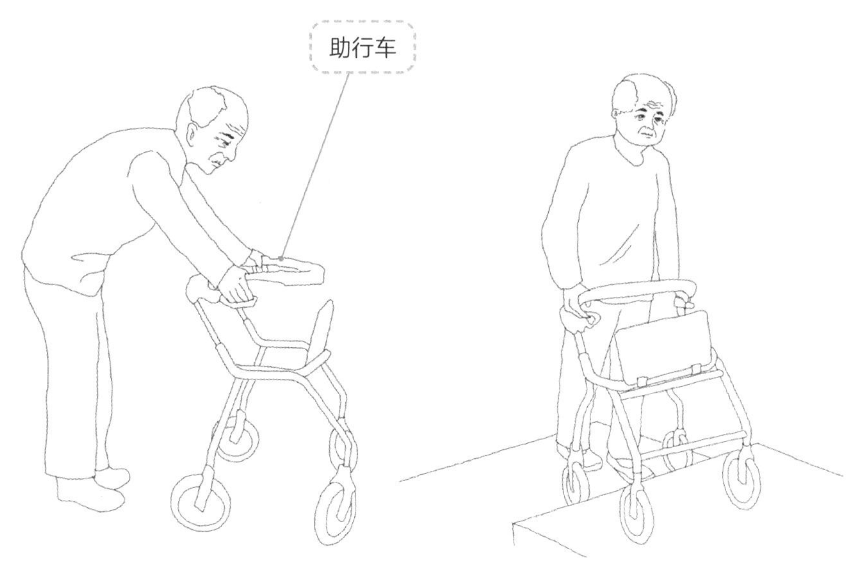

排泄辅具

经常听到“如果大小便都不能自理了，活下去也没有什么意义”这样的话，能够独立上卫生间表明运动功能正常。如果不能独立使用卫生间，则需要借助辅具装备和器具，改造卫生间等空间，协助老人上卫生间。

辅助排泄的工具，需要根据老人自身情况选择。

增高坐便器坐垫，为股关节和膝关节不好、行走活动能力弱的人提供帮助，以便如厕时方便坐下和起身。

使用带自动升降功能的坐便器，其高度和位置可以遥控。还有结合轮椅功能的坐便器，以及放在床边方便晚上起夜的坐便器。

卧室用的坐便器，材质有可水洗的，还有木制的。

为配合坐下和起身的动作，应在坐便器周边手部着力范围内安装扶手。可以选择一字形扶手或L形扶手，在横向和竖向两个方向支持正常排泄活动。

第 1 阶段用

卧室用

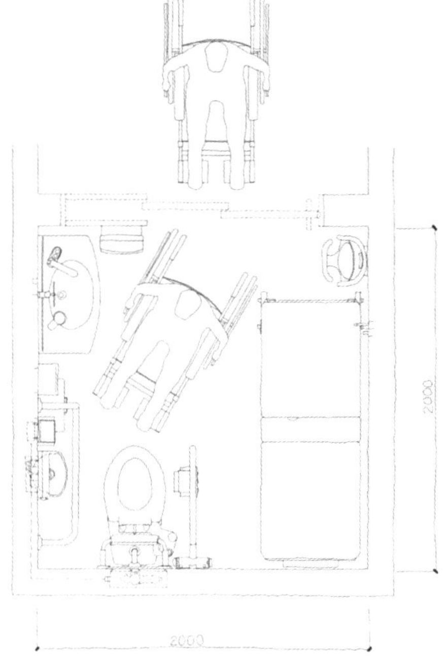

第 2 阶段用

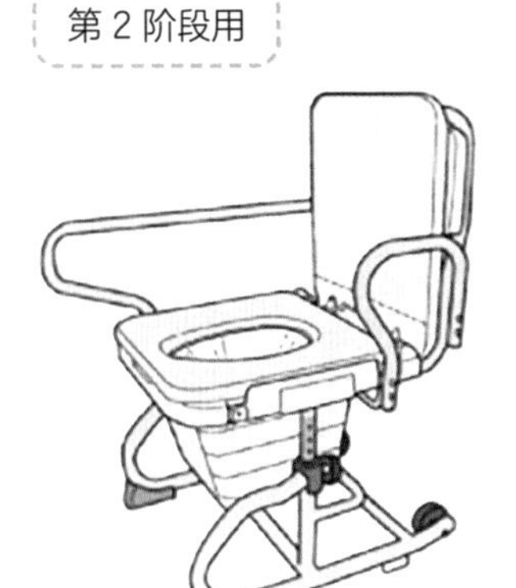

洗澡辅具

洗澡过程可以分解成以下动作：从房间移动到浴室，到更衣室内穿脱衣服，在浴室内出入浴缸或淋浴。洗澡辅助装备和用具要与适老化改造并行，可以借助洗澡椅、浴缸内升降设备洗澡。

淋浴间门口要无高差，并安装长条形排水槽。水要快速排走，溢出来的水容易造成因地面湿滑而摔倒等事故。浴室门选用轻质移动门或折叠门，也可以直接选择浴帘。

浴缸高度应与膝盖高度接近，便于抬腿迈入浴缸。

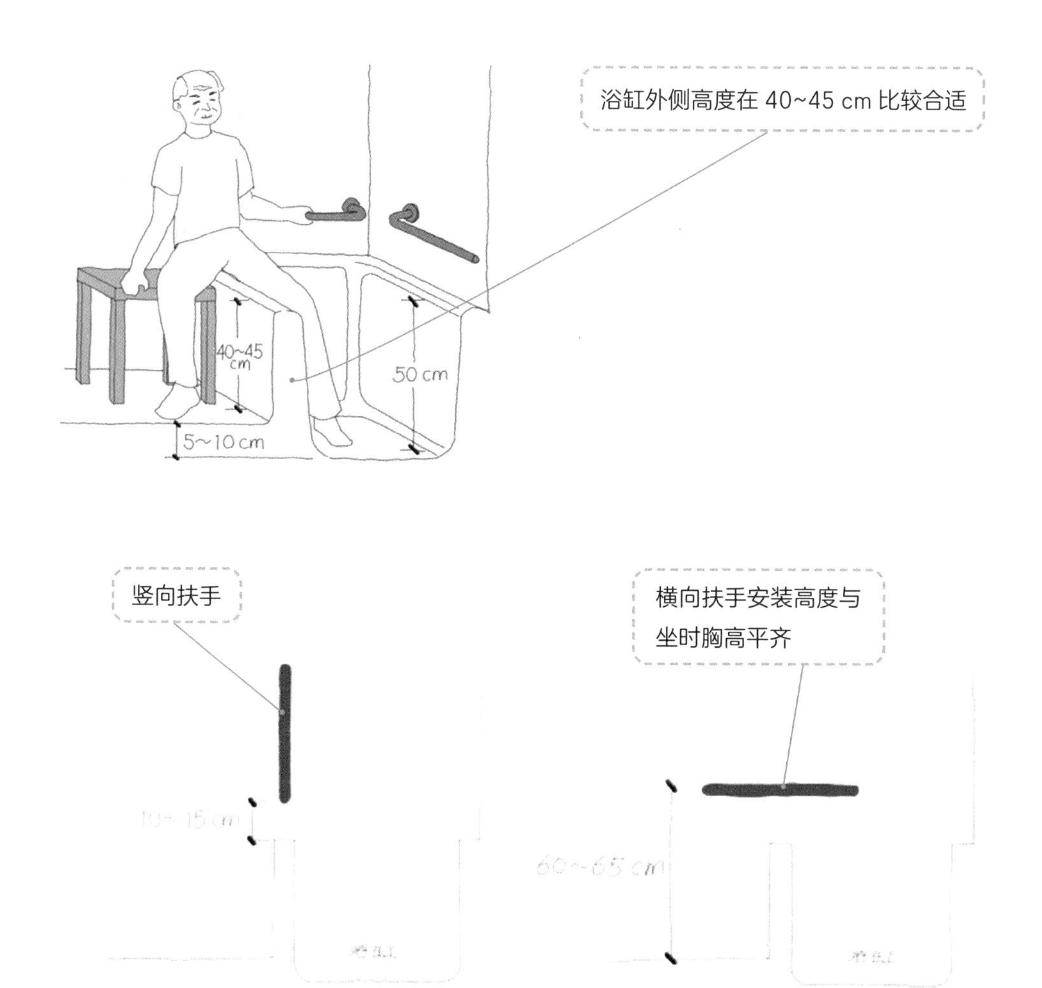

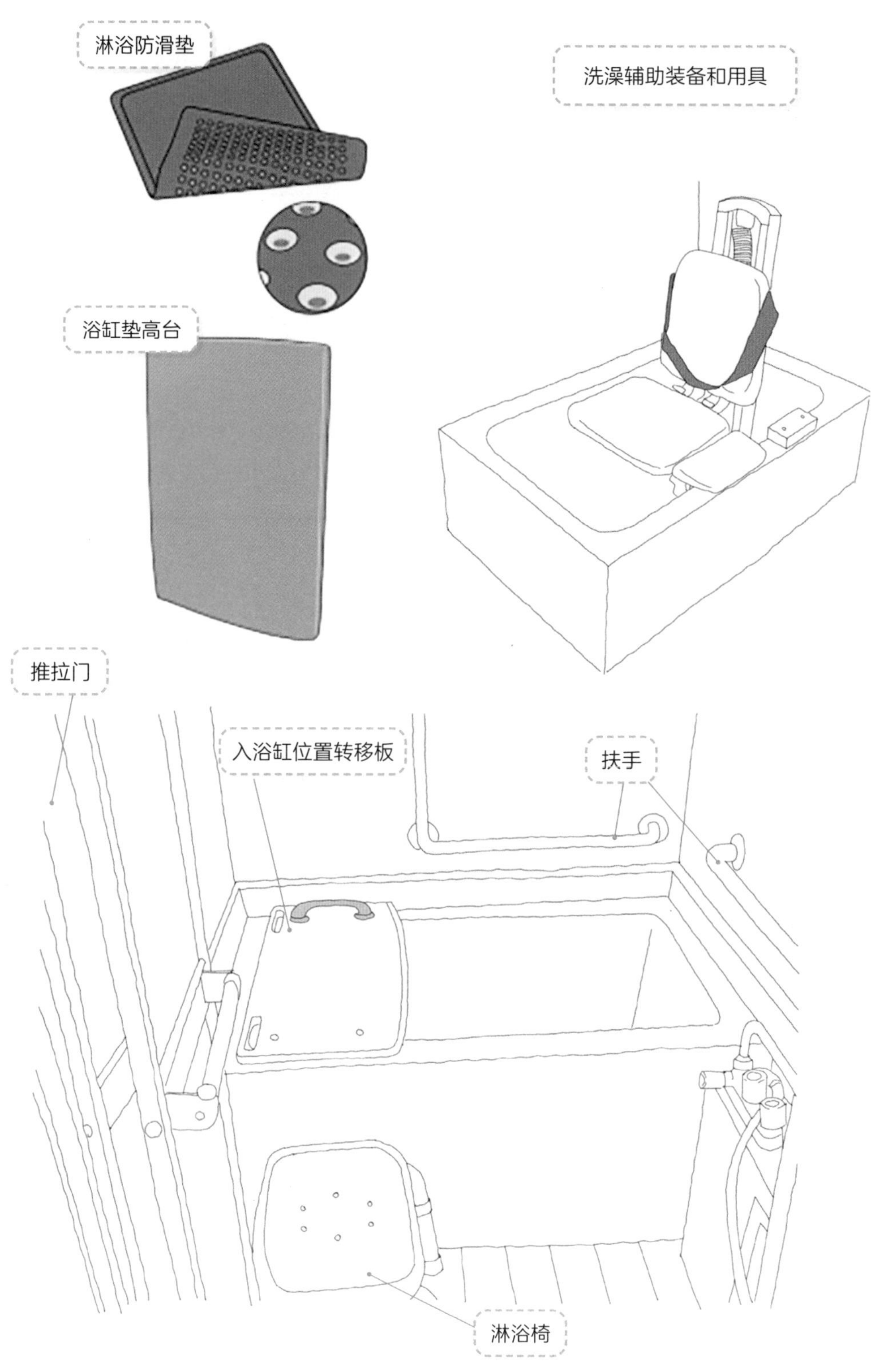
淋浴防滑垫
洗澡辅助装备和用具
浴缸垫高台
推拉门
入浴缸位置转移板
扶手
淋浴椅

2　老有所乐的家——小娜父母家的改造

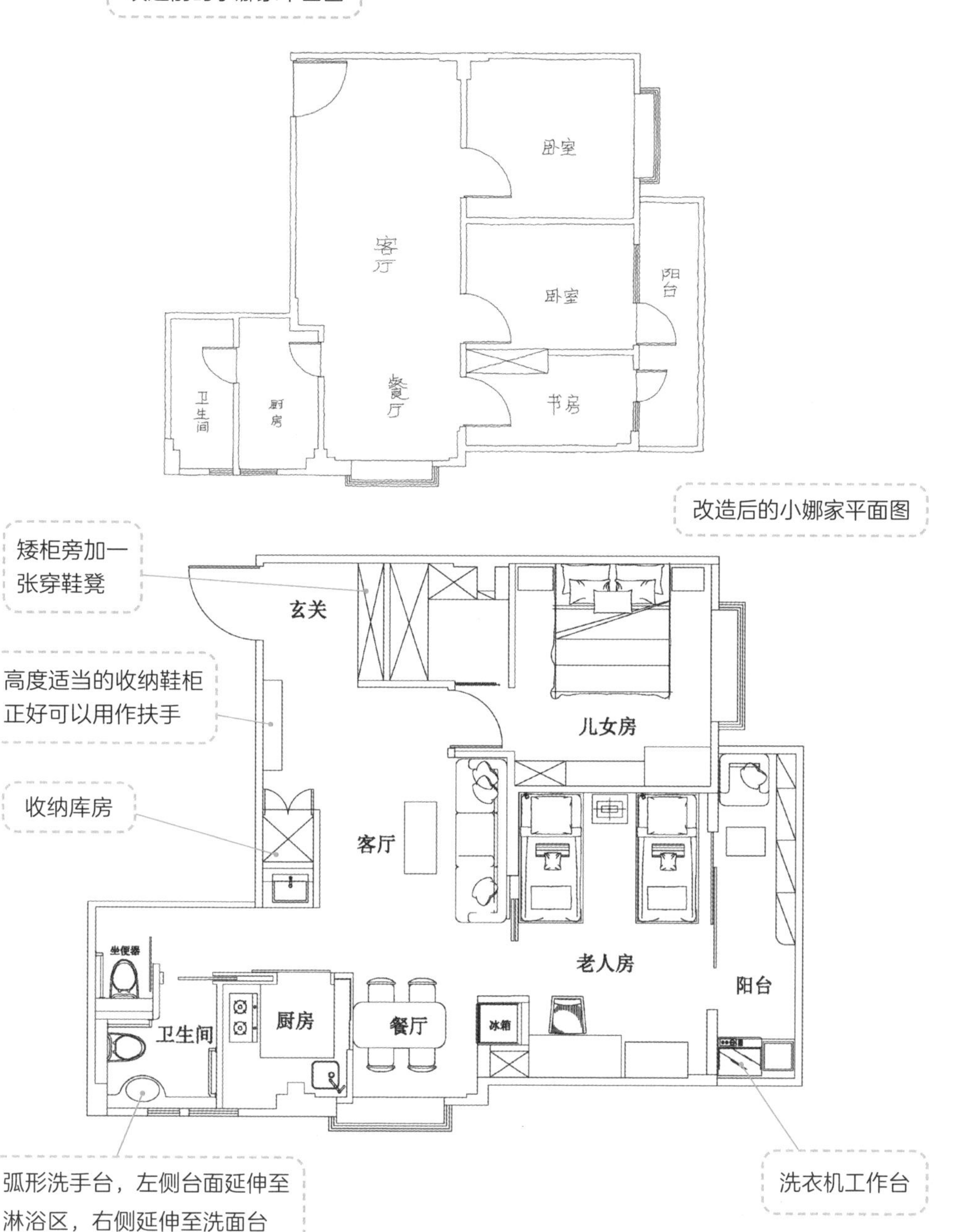

项目改造

项目概要

小娜父母来到上海后买的房子是三室两厅一卫，客厅和餐厅的中间有边窗；厨房和卫生间的面积较大，但原来的房屋布局中卫生间在最里面，上厕所需要先走进厨房；一打开入户门就是中厅，没有门厅空间。以前的住宅，储物、收纳面积不足，很多物品都放置在客厅地面上，容易被绊倒。虽然现在是小娜和父母住在一起，但今后主要是小娜父母住，所以为了长远打算，要进行改造。

改造需求

改造主要是围绕小娜父母的生活展开，不仅要满足两位老人目前老有所乐，而且要考虑到将来的老有所养、老有所依。

要方便小娜和父母共同居住，同时拥有各自的私人空间，特别是两代人的空间既相互联系又互不干扰。

家里的物品需要能够有条理地收纳，还要考虑到两代人的生活习惯，所以改造的重点是各自的空间相对独立。小娜日常在房间内居家工作、锻炼、洗澡等，爸爸妈妈的生活不受干扰。

如果未来父母需要轮椅或看护的话，家里可以随居住需求和居住人数的变化而调整，从而实现居住环境的优化，让父母可以放松快乐地享受退休时光。

评估老人需要的居住环境

日常活动能力

小娜的父母刚退休，都是 60 多岁，可以自己做饭。父母可以独立使用卫生间，坐便器是以前的老款，稍有点儿低，妈妈的腰不好，起身的时候费劲，洗澡的时候需要坐在洗澡椅上洗澡。

日常生活居住方式

平日是妈妈做饭，现在请了钟点工阿姨上门打扫房间并负责一顿中饭。父母都喜欢看书，平日里喜欢在阳台上坐着，妈妈会一边织毛衣一边看电视，爸爸喜欢摄影。家里还要给小狗“小七”留出空间。目前不需要请人护理。

辅助器具使用情况

现在没有使用辅具，可能 10 年后会用轮椅。

遇到的困难

排泄

1. 移动。现阶段没有特殊要求。

2. 开门。家里都是平开门，如果未来家里有轮椅的话，房门窄，进出不方便。

3. 坐下和起身。妈妈的腰不好，坐下和起身时，墙面需要有扶手。稳定坐姿方面，目前没有特殊要求。

4. 清理和擦拭。可以自行清理和擦拭。

入浴

1. 家里没有浴缸，有淋浴，买了洗澡椅，可坐着洗澡。

2. 浴室内没有更换衣服的地方。

3. 老房子的门窗老旧，温差比较大，冬天洗澡冷。

外出

由于没有门厅，门口处鞋子比较多，堆满了杂物。如果未来使用电动轮椅的话，没有充电的地方。

改造方案

打开出行无阻之门

入口装修

1. 将入户门换成推拉门。

2. 地面换成防滑材料。

3. 安装照明和扶手。

4. 室外阳台或者一楼天井入口处安装雨棚。

5. 入口处采用体感照明，手上拿东西时无需按开关键。

6. 入户门向外开，方便救援人员开启，且入户门净宽应至少为 1100 mm。

7. 入口空间回转直径应不小于 1500 mm，预留轮椅回旋空间。

门厅装修

1. 扩大门厅空间。

2. 设置收纳空间。

3. 按照家里居住情况定制鞋柜。

4. 预留购物小推车、助行器等的存储空间。

5. 更换门厅门并安装采光窗，保证门厅空间的采光。

6. 改用防滑地板。

7. 安装扶手。

8. 安装自动照明脚灯、呼叫器、电子门铃。

9. 入口设置换鞋区，后置挂钩，可挂随身包包、钥匙以及出门常用物品。

10. 入口门厅及换鞋区设置穿鞋凳，有一体式鞋盒、壁挂式、折叠式等样式，还可设置起支撑辅助作用的竖向 I 形扶手。

11. 安装电源插座等。

12. 主灯开关设置在房间门开启侧的墙面上，高 1100 mm。

打开冬暖夏凉之门

门窗、取暖设备

1. 更换为隔热性能好的窗框、玻璃和阳台门。

2. 在墙面上安装取暖设备，一般是取暖器。

3. 坐便器加装加热取暖盖。

4. 安装暖风机和插座。

5. 改变房间格局，将卫生间和卧室的门改为推拉门。

6. 在卫生间吊顶，增加天花的保温性能，安装照明、排风和暖风一体的排风取暖设备。

7. 外墙填充隔热材料，安装或更换内衬隔热板。

8. 将地砖改为木地板、地毯或者 PVC 地板等温暖的材料。

9. 更换厚窗帘，安装百叶窗。

通风环境

1. 让风可以在空间内流通，如遇墙体的话，可以在墙面上（非承重墙）开通窗口，建立自然通风通道。

2. 如果卧室、厕所或浴室中的气味和湿度大，可以安装通风设备。

3. 使用除湿器，用来除臭、排风等。

打开清爽方便之门——卫生间

1. 将靠近卫生间的房间改成卧室。
2. 改变隔墙，扩大厕所空间。
3. 将门改为推拉门，方便如厕并去除高差门槛。
4. 强化天花照明，安装体感式照明灯具，入口处设置感应夜灯。
5. 坐便器设置在门的正对面，方便使用轮椅者如厕。
6. 安装坐便器插座，采用加热型智能坐便器，避免坐便器过凉带来的不舒适。
7. 坐便器周边设置 L 形扶手并安装紧急呼叫装置。
8. 安装冷暖设备，如散热器，并要保证供暖，易于清洁。
9. 卫生间内设置镜柜及其他收纳空间，方便老人储存牙具、护肤品等盥洗用品。
10. 干湿分离的洗面台设置在淋浴旁边，方便洗澡的时候用来洗脸。
11. 镜子下沿距地面 1100~1200 mm，镜面为防雾镜。
12. 洗面台周边设置无障碍扶手。
13. 洗面台台面采用防水沿，避免老人使用时水滴落地面。
14. 洗面台下沿净高不小于 650 mm，便于乘坐轮椅者使用。
15. 卫生间内设有紧急按钮，距地面 1100 mm。
16. 设置可抽拉恒温水龙头及电热毛巾架。
17. 卫生间地面和走廊地面标高一致，采用同样的 PVC 防滑缓冲地面材料。

卫生间改造前

卫生间改造后

双卫生间俯视效果

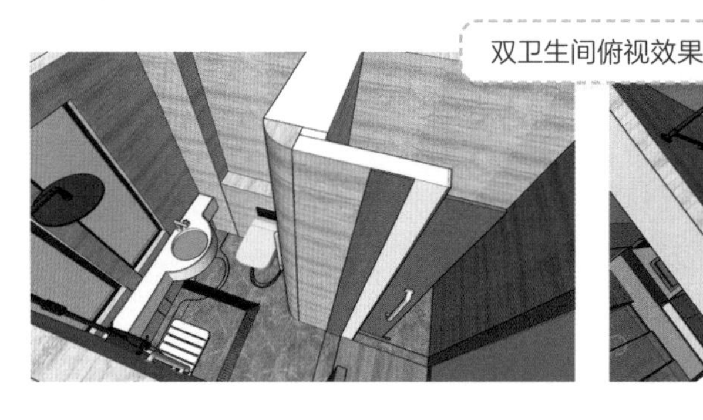

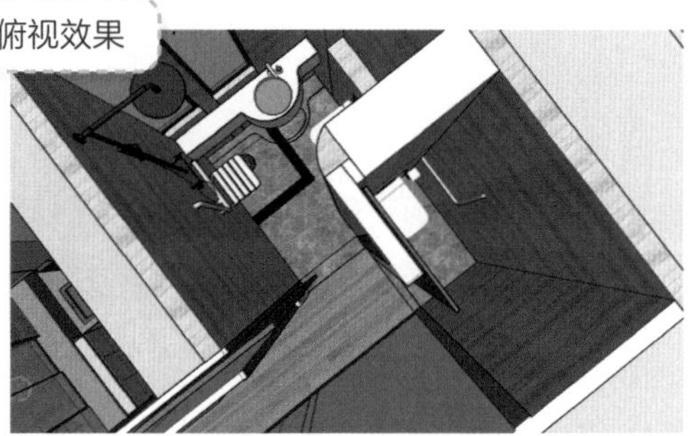

打开安心舒适之门——浴室

1. 安装带扶手的洗手盆。
2. 消除入口处的台阶。
3. 在门口、淋浴区设置辅助移动的一字形扶手。
4. 在更衣室安装加热器。
5. 更换设备，如水龙头、花洒。
6. 设有老人可用坐姿洗浴的淋浴，坐在凳子上淋浴时，为保证身体的安全稳定，设置支撑身体的 I 形扶手。

打开量身定做之门——扶手

1. 将房门改为推拉门，可以利用扶手作为房门把手。
2. 沿着日常生活主要动线安装扶手并固定底座。
3. 强化扶手安装所需基层。

打开尺度适宜之门——收纳

1. 合理规划收纳并将收纳空间合并。
2. 衣柜内安装置物架，如下拉式。
3. 考虑在半户外空间，如阳台，增加收纳空间。
4. 调整家具布局，整合生活空间。
5. 安装可坐着使用的整体橱柜。
6. 安装嵌入式家具、壁橱。

打开可持续之门

1. 将多余的房间改为兴趣爱好或社交空间，或者改为卧室。
2. 布置露台等半户外空间，享受与邻居的互动。
3. 将室内空间零碎功能合并到一处。
4. 改用推拉门，拆除隔墙。
5. 固定裸露在外的电源线，以免绊倒。
6. 设置坡道或者斜踏板，调整室内外高差。

打开智慧生活之门

1. 安装高效热水装置，如太阳能热水系统。
2. 安装易清洁抽油烟机。
3. 安装内置洗碗机、自动炉灶。
4. 安装烘干机。
5. 安装 LED 照明。
6. 入户门使用电动锁。
7. 安装电动百叶窗（雨门）、自动照明、门铃。
8. 安装监控系统、紧急呼叫系统或安全系统。
9. 安装网线、Wi-Fi 设备配件等。

其他改造措施

厨房、客厅和餐厅

1. 餐厅、客厅一体化，拆除中间的隔墙，增加隔断。厨房和餐厅之间采用半墙隔断，墙上安装折叠玻璃隔断，做饭时关上折叠窗，油烟就不会跑到客厅里。平日打开折叠窗，开放厨房和餐厅、客厅连在一起，不影响相互之间的交流。

2. 增加冰箱收纳，在父母房间墙内安装嵌入式冰箱，与旁边的小型电器、餐具收纳柜结合，墙的另外一面可收纳书籍或眼镜等。

3. 厨房入口处设置开放式收纳水槽，增设放置电器设备的橱柜。

4. 在厨房和餐厅之间设置小型吧台，上面设置推拉式储物架，增加收纳空间。

5. 注意尺寸，冰箱参考大的单开门冰箱尺寸，洗衣机参考滚筒洗衣机尺寸，都不宜太大。

6. 厨房内放置椅子方便老人坐下来准备烹饪。

7. 注意电视和沙发之间的距离。

8. 在窗帘内侧的天花板上设置嵌入式升降晾衣架，可以有效利用空间。

改造前

改造后：减小厨房面积，增大了采光，实现厨房和客厅连通，老人可以进行视线交流，还可以从客厅直接到达卫生间

厨房改造前

厨房改造后示意图

将餐厅和厨房用取餐窗进行分割，方便取餐、收拾，还可隔离油烟
厨房采用 U 形分区，方便备餐、制作和取餐，更高效
洗面台下预留空间，可放座椅或轮椅

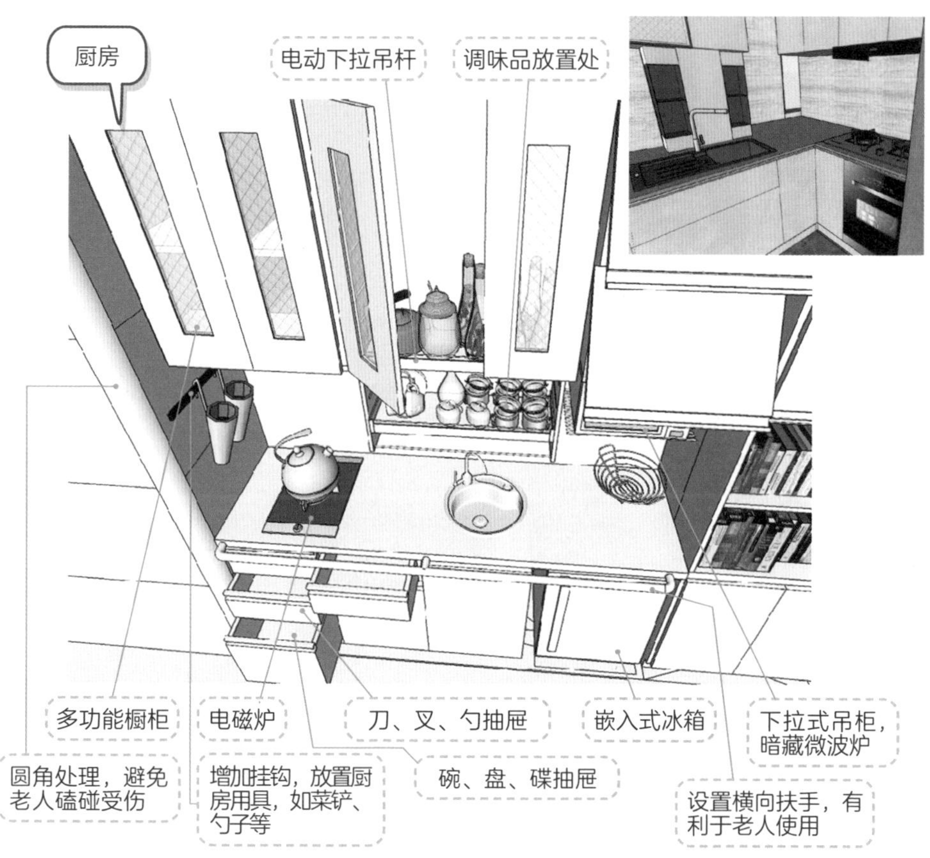
厨房
电动下拉吊杆
调味品放置处
多功能橱柜
电磁炉
刀、叉、勺抽屉
嵌入式冰箱
下拉式吊柜，暗藏微波炉
圆角处理，避免老人磕碰受伤
增加挂钩，放置厨房用具，如菜铲、勺子等
碗、盘、碟抽屉
设置横向扶手，有利于老人使用

改造前

改造后，增加收纳空间

改造前

改造后，将厨房隔墙改为玻璃的透明隔断，方便观察内外

入户门玄关立面图

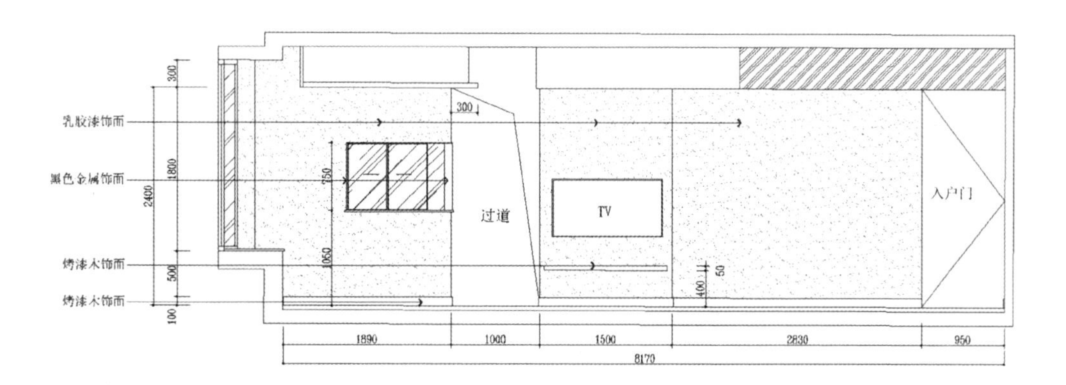

厨房立面图

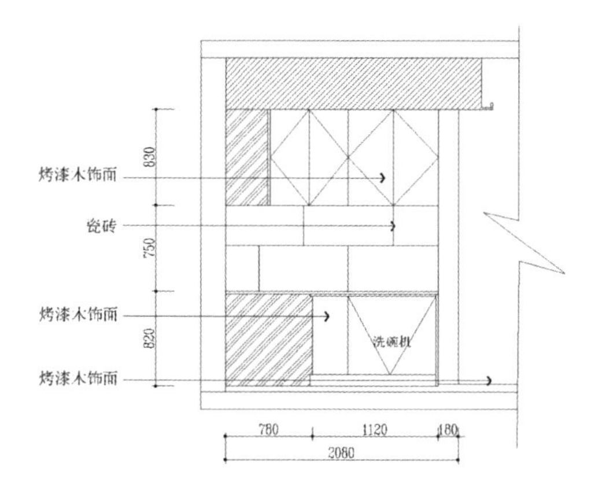

阳台立面图

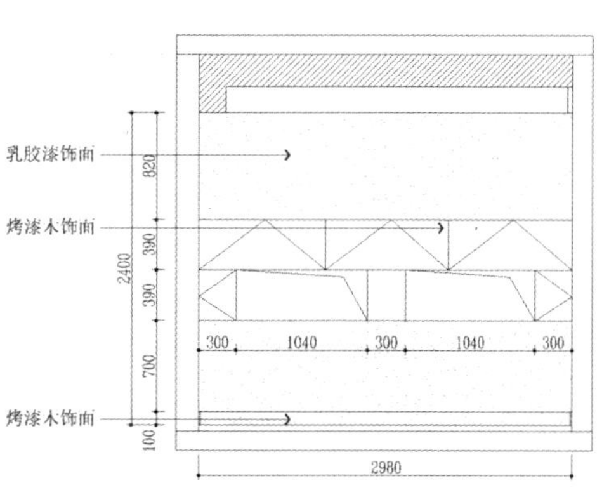

卫生间立面图

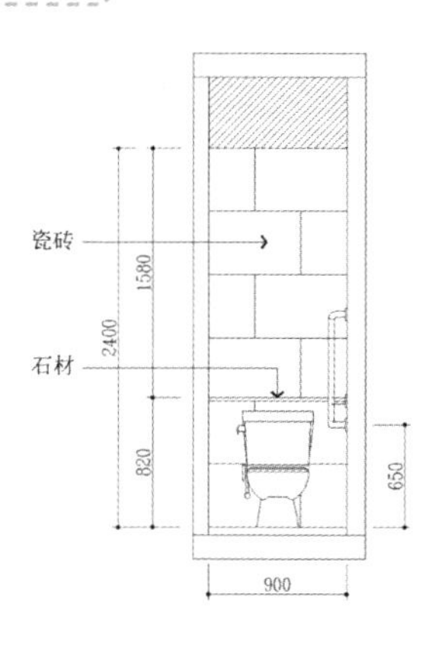

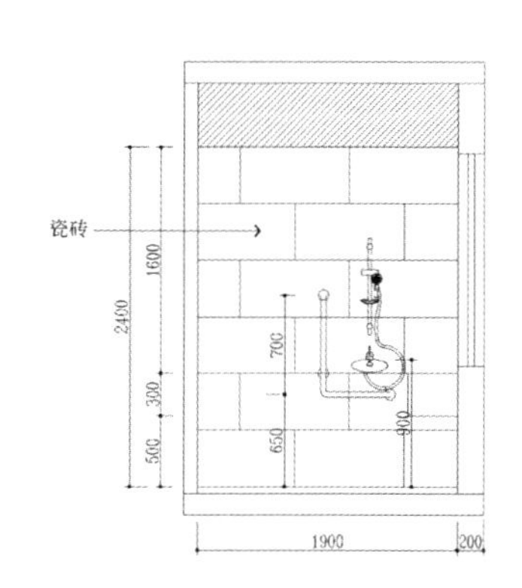

卧室

1. 卧室空间受限的时候可以用软帘分割。

2. 地面采用复合木地板，墙面采用高档壁纸硬包。

3. 制定适合双人间的收纳方案，设置储物空间，物件分类放置。

4. 床头安装拉绳式报警器，用于紧急呼叫。

5. 开关的系统板可置于两床中间，若是双人床，可以置于一侧床板上。

6. 选用多功能居家电动护理床。

7. 安装电动窗帘。

8. 配置可以置于床帘外面的单人沙发床，通过将座面拉出，可以作为简易床使用。

9. 在床边安装红外感应夜灯，方便夜间起夜。

10. 采用活动家具，方便后期变动；家具选用圆弧边角。

11. 安装阅读灯，顶上灯具使用防眩筒灯，避免眩光。

12. 采用可动式带脚轮的床头柜，使用频度高的收纳可以移动到床帘外面作为小桌子来使用。

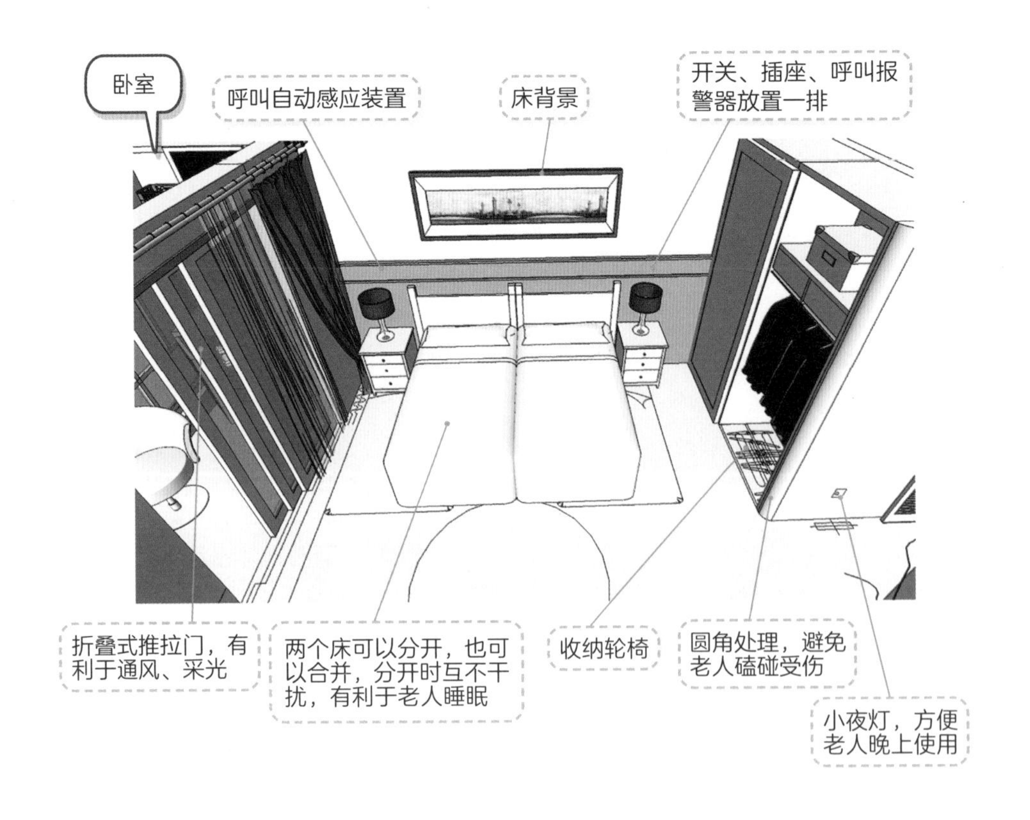

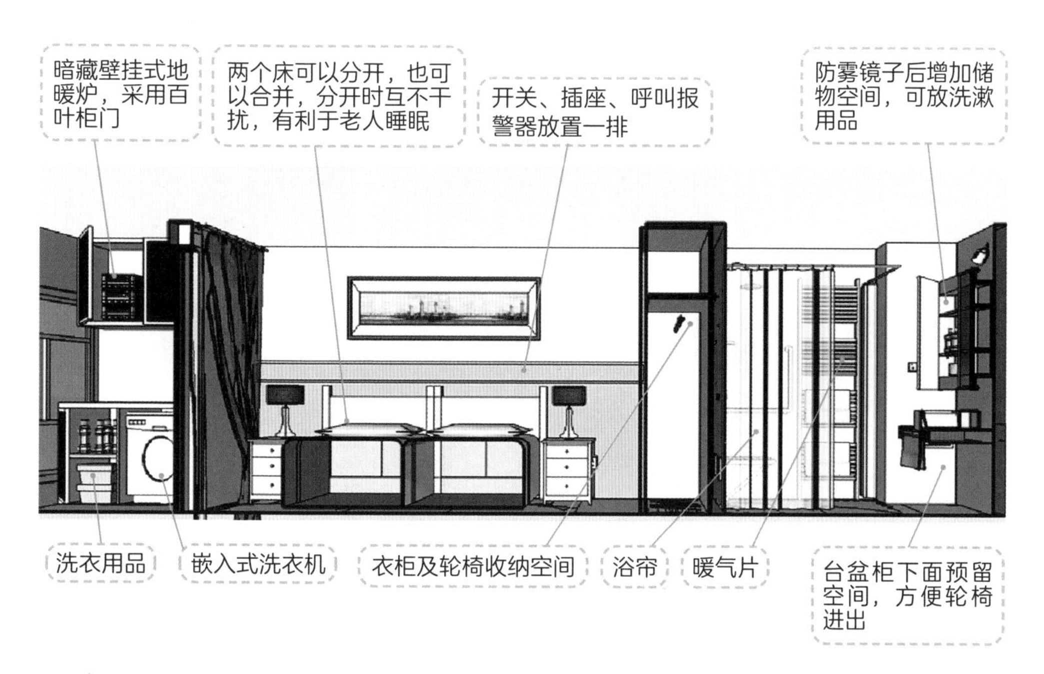

阳台

阳台不仅是洗衣、清洁、晾晒的功能区，还可用于养花、休闲、晒太阳等户外活动，是一处与自然共处的休闲空间，需安装家务台、晾衣架和水池。阳台和父母卧室之间用三联轻质推拉门隔开，一侧布置桌椅，适合坐在椅子上晒太阳、喝茶聊天、读书看报；另一侧设有洗面台，方便早晚洗漱，不用穿过客厅再去卫生间。宽大的台面方便放置物品，减轻洗衣服的额外负担，养的花草也可以放在上面，方便浇花及修剪。阳台的洗衣机高 850 mm，如果轮椅使用者用洗面台，下面要空出 650 mm 高，洗面台台面高度以 800 mm 为宜，850 mm 也可，配小号的 380 mm 的洗脸盆即可。如果洗衣机台面到 900 mm 高，二者间要设高低落差，且做落差尺寸有难度。考虑到洗衣机和洗面台的使用，阳台可采用长的窄条形收纳，需将空间预留出来。

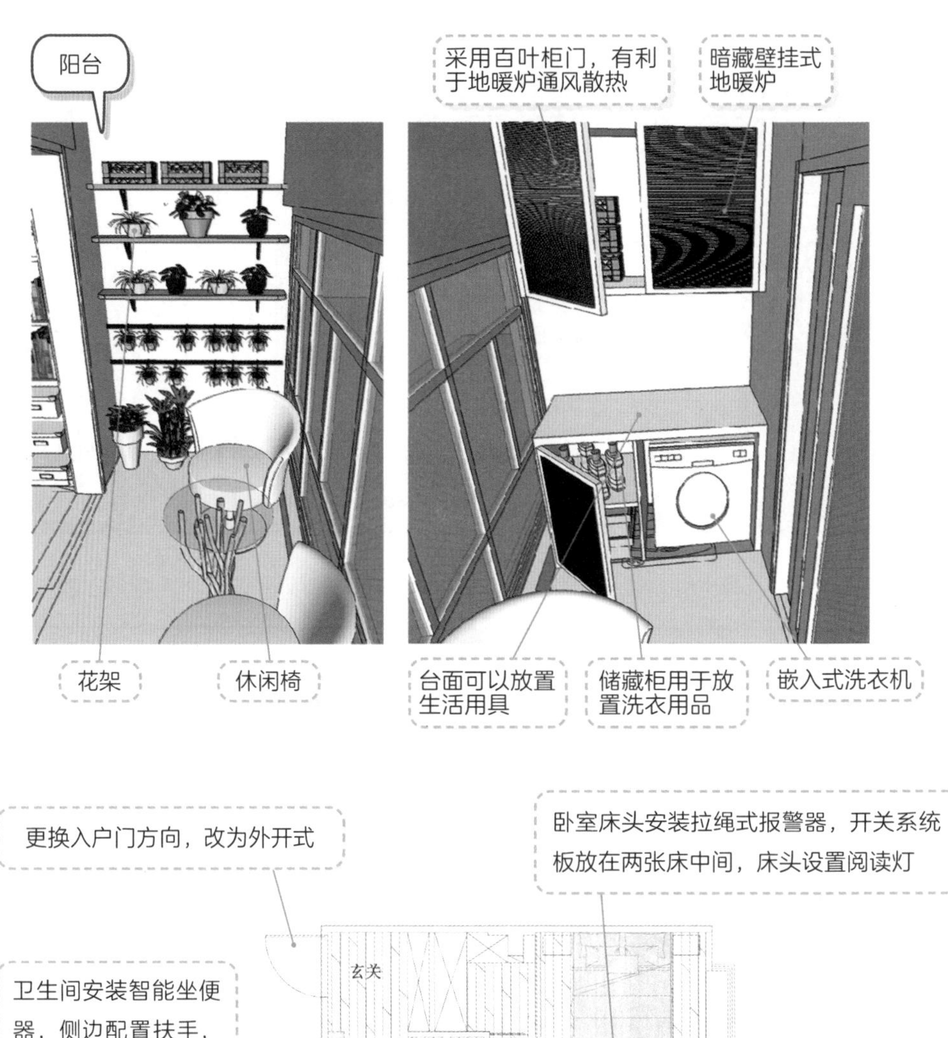
阳台
采用百叶柜门，有利于地暖炉通风散热
暗藏壁挂式地暖炉
花架
休闲椅
台面可以放置生活用具
储藏柜用于放置洗衣用品
嵌入式洗衣机

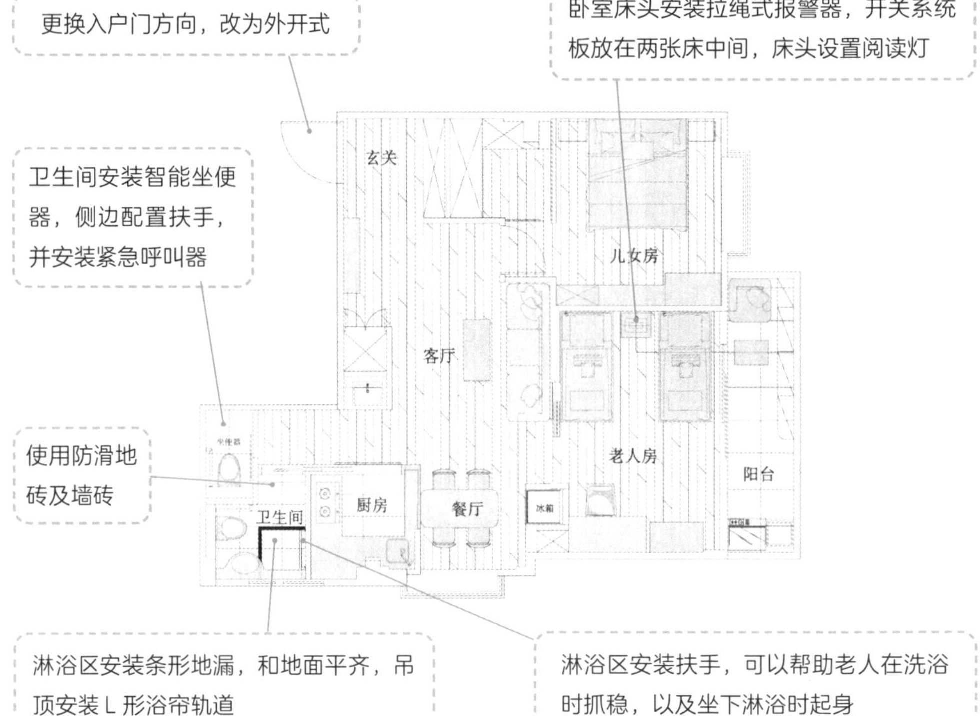
更换入户门方向，改为外开式
卧室床头安装拉绳式报警器，开关系统板放在两张床中间，床头设置阅读灯
卫生间安装智能坐便器，侧边配置扶手，并安装紧急呼叫器
使用防滑地砖及墙砖
玄关
儿女房
客厅
老人房
阳台
厨房
餐厅
卫生间
冰箱
淋浴区安装条形地漏，和地面平齐，吊顶安装 L 形浴帘轨道
淋浴区安装扶手，可以帮助老人在洗浴时抓稳，以及坐下淋浴时起身

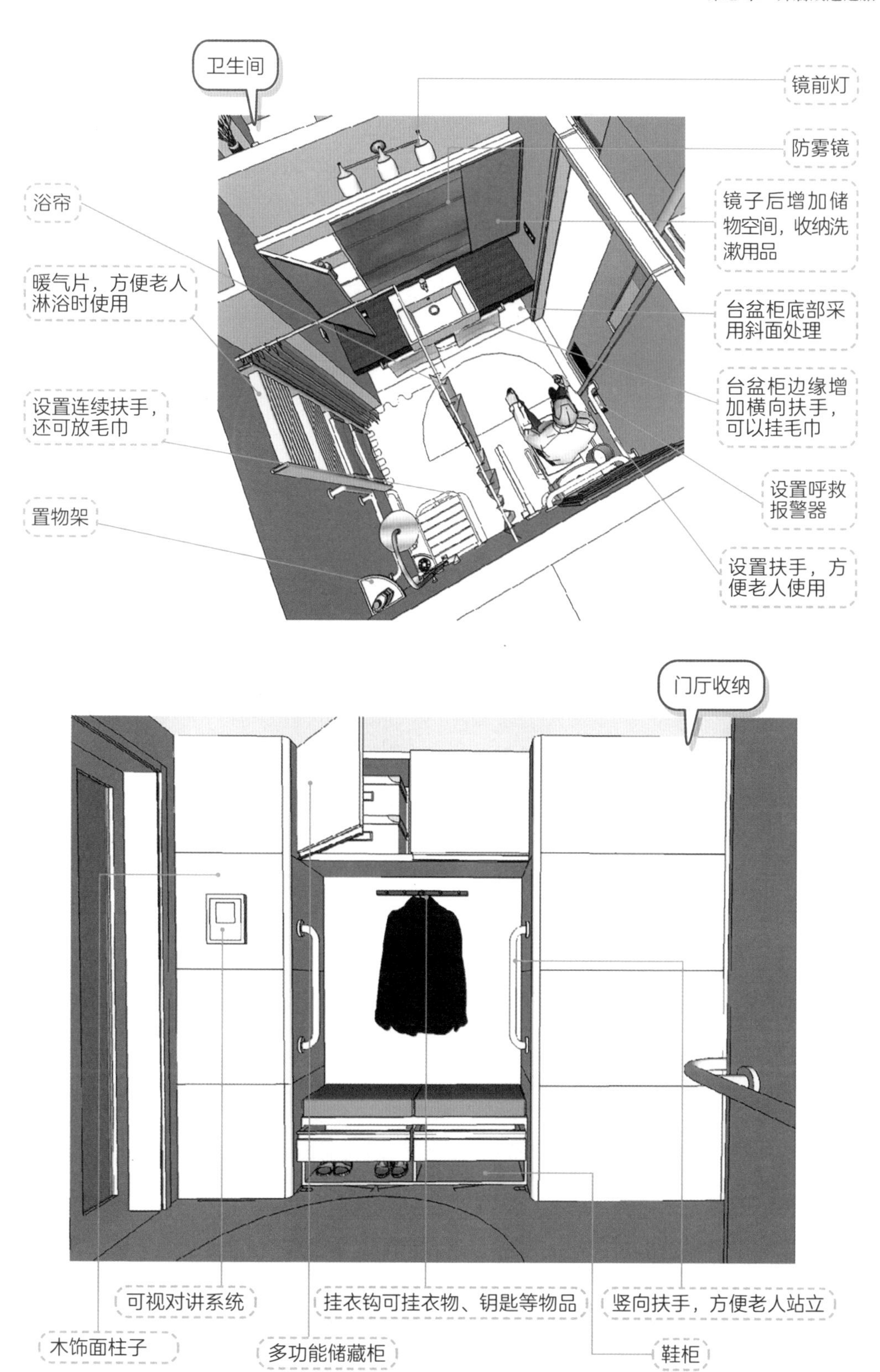
卫生间
镜前灯
防雾镜
浴帘
镜子后增加储物空间，收纳洗漱用品
暖气片，方便老人淋浴时使用
台盆柜底部采用斜面处理
台盆柜边缘增加横向扶手，可以挂毛巾
设置连续扶手，还可放毛巾
设置呼救报警器
置物架
设置扶手，方便老人使用
门厅收纳
可视对讲系统
挂衣钩可挂衣物、钥匙等物品
竖向扶手，方便老人站立
木饰面柱子
多功能储藏柜
鞋柜

照明灯具

采用多重照明规划，有主灯照明，也有辅助和局部照明。既要保证老人所需的照度，又要保证居住空间内的温暖氛围。采用 3 级照明，在达到老人需求的同时，不影响他人使用，均采用防眩光设计。

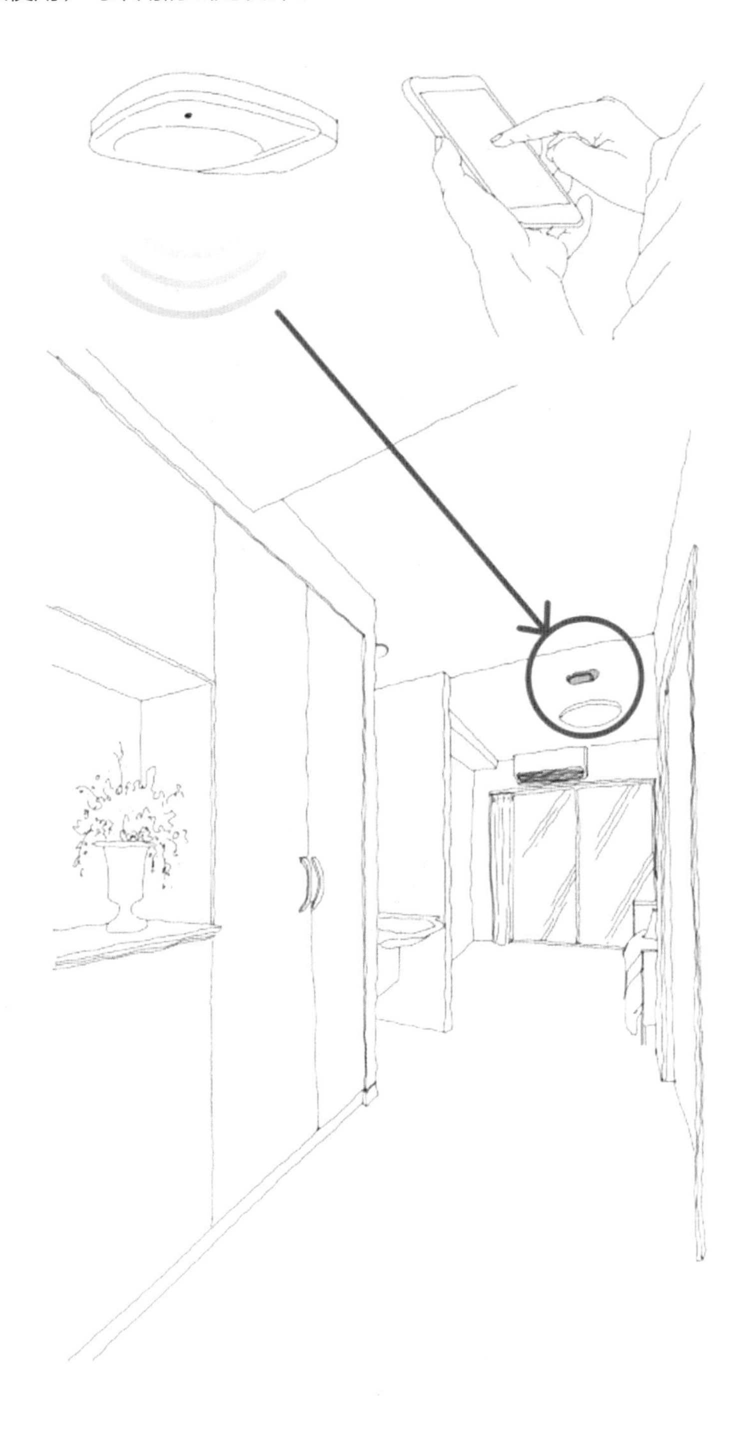

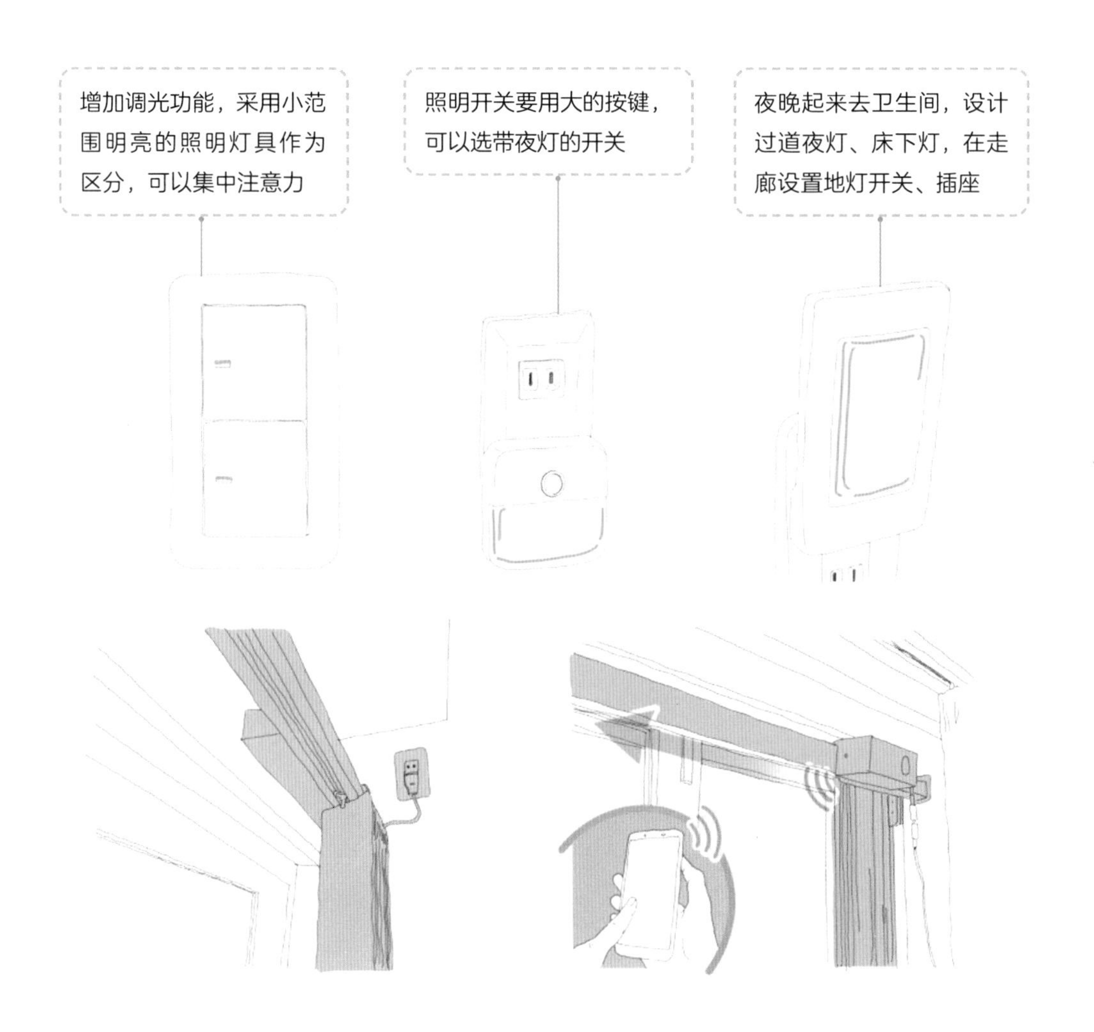

家居风格

1. 整体选用明快的木色系列。
2. 小娜父母家是全面改造，内部改造细节比较完善。

3 老有所养的家——小露妈妈家的局部改造

项目改造

项目概要

小露妈妈独自生活，跟随女儿来到上海之后，她买了一间小户型公寓，目前房间中所有功能的设置都是按照妈妈的生活方式设计的，所以改造是以未来可持续使用为重点的。在妈妈身体健康的时候，独自居住应保证安全，如果生病，则需要有足够的空间供照顾人员居住。这要如何实现？方案以 2046 养老生活馆里的样板房为参照。

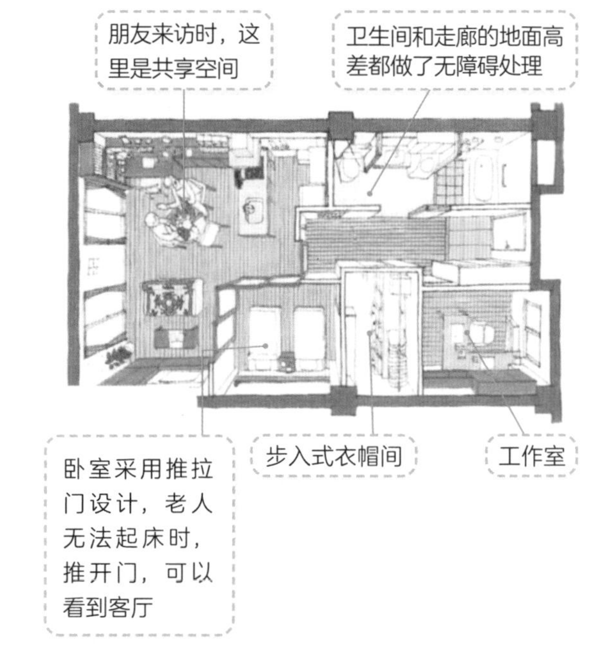

改造需求

老人忙碌了几十年，退休后跟着女儿来到新的城市，开启新的生活。离开了生活几十年的家乡和朋友，接下来的时间应该如何安稳、舒适地生活呢？这是小露妈妈首先要考虑的事情。

原来在家乡的时候，经常有姐妹和邻居来串串门、聊聊天。如今来到新城市，又结交了新朋友，希望在朋友来访的时候，还能有大家一起聊天、娱乐的共享空间，所以社交需求是小露妈妈首先希望可以满足的。

其次，妈妈年轻的时候比较时尚，年纪大了后爱美之心依旧，有很多衣服，希望有足够的衣柜放置她的衣服、鞋子和包包。

可持续利用的家是小露妈妈第三希望拥有的。可以提前规划自己以后的生活，头十年老有所乐，后十年老有所安，再过十年老有所养、老有所依。从身体健康、行动自由到需要他人照顾，在家居空间中实现渐进式变化的改造。

评估老人需要的居住环境

日常活动能力

小露的妈妈今年70多岁，可以独立洗澡、买菜、做饭、做家务、使用卫生间，起坐顺畅，但因为颈椎不好，所以有时候会头晕，走路比较慢，小心翼翼。晚上会起夜，但不愿意摸黑去卫生间。

日常生活居住方式

妈妈早上起床比较早，吃完早饭会去市场买菜，也会约几个邻居姐妹一起在小区周边散步。上午回家后准备午饭，中午吃完饭后会休息一下，然后看电视、刷视频，喜欢和朋友微信聊天或者煲电话粥。目前不需要请人护理，但总担心自己随时会生病，需要提前考虑养老照顾。

辅助器具使用情况

现在没有使用辅具，可能过几年会用轮椅。

遇到的困难

排泄

1. 移动。希望卫生间和卧室离得近一些，晚上不愿意走太远去卫生间，会在卧室里使用便盆。

2. 开门。家里都是平开门，如果将来使用轮椅的话，卫生间门窄，不方便轮椅进出。

3. 坐下和起身。妈妈颈椎不好，坐下和起身时会头晕，墙面需要有扶手。稳定坐姿方面，目前没有特殊要求。

4. 清理和擦拭。可以自行清理和擦拭。

入浴

1. 浴室内有淋浴，妈妈可以在浴室内自主活动，能站着洗澡，但不能太久。

2. 卫生间内没有更换衣服的地方。

3. 老房子的门窗老旧，温差比较大，冬天洗澡冷。

外出

门口处鞋子、衣服比较多，还放了买菜车等杂物。如果将来用电动轮椅的话，没有充电的地方。

改造方案

卫生间

更改卫生间布局，将卫生间的门移至更靠近卧室的方向，以便老人夜晚起夜时可以快速到达卫生间，卫生间内已做适老化改造。

卫生间门已留出足够的宽度，以便之后坐轮椅时可以轻松地进入卫生间。

客厅餐厅

餐厅客厅一体化，增加沙发旁的收纳置物位置。

照明灯具

采用多重照明规划，有主灯照明，也有辅助和局部照明。

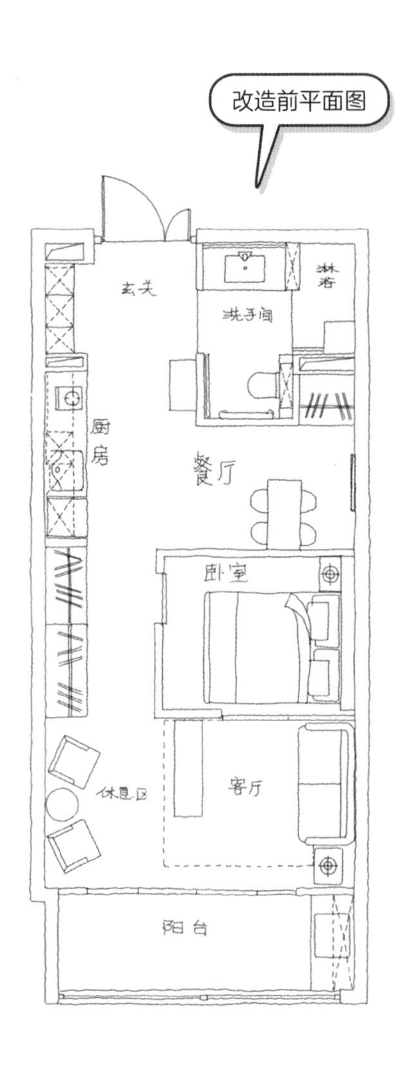

小露妈妈的家更多的是对公共空间的局部改造。

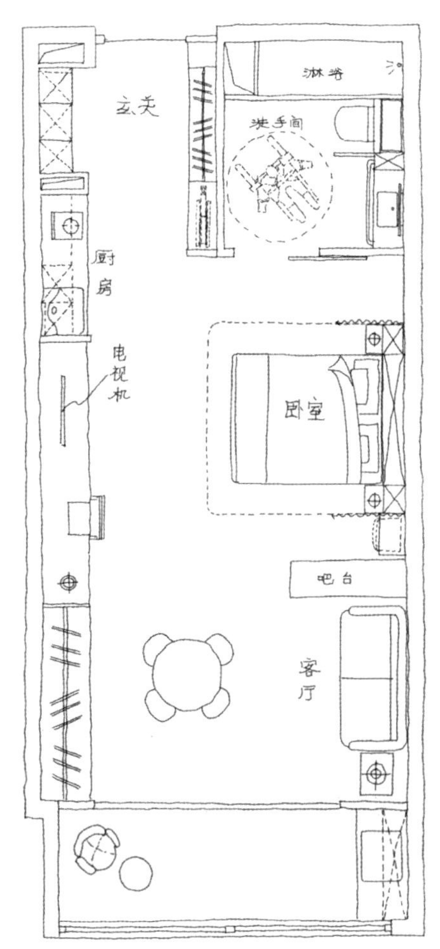

打开尺度适宜之门——收纳

1. 合理规划收纳，可以将收纳空间合并。

2. 衣柜内安装下拉式等置物架。

3. 在阳台等半户外空间，考虑增加收纳空间。

4. 调整家具布局，整合生活空间。

5. 整体橱柜尺度适宜，方便坐轮椅者使用。

6. 安装嵌入式家具、壁橱等。

7. 利用柜体分隔出入户玄关，玄关柜子分为两部分，上部做储藏收纳柜，并设置挂杆来挂大衣等，下部做鞋柜及可移动收纳凳，方便老人出入换鞋子。

8. 设置看护人员日常使用的物品以及轮椅的收纳空间。

打开可持续之门

1. 改用推拉门。
2. 拆除隔墙，将客厅、餐厅打通，空间更显开阔。
3. 将室内空间零碎功能合并到一处。
4. 隔断、吊顶、照明一体化系统，让随时调节空间布局成为可能。

打开智慧生活之门

1. 安装太阳能热水系统。
2. 安装高隔热浴缸。
3. 安装 LED 照明。
4. 安装内置洗碗机、自动炉灶。
5. 安装易清洁抽油烟机。
6. 安装浴室烘干机。
7. 入户门使用电动锁。
8. 安装电动百叶窗（雨门）、自动照明、门铃。
9. 安装监控系统、紧急呼叫系统或安全系统。
10. 安装有线网线、Wi-Fi 设备配件等。
11. 智能化家居控制系统可以采集、保存信息。

其他改造措施

卫生间

1. 卫生间内已做适老化改造，门洞已留出足够的宽度，以便老人之后坐轮椅时可以轻松地进入卫生间。

2. 更改卫生间布局，将卫生间的门移至更靠近卧室的方向，以便老人夜晚起夜时可以快速到达。

3. 安装紧急呼叫系统。

4. 安装扶手方便老人以及看护人员使用。

5. 采用加热型坐便器。

厨房、客厅和餐厅

1. 餐厅、客厅一体化，增加沙发旁的收纳置物位置。

2. 冰箱采用嵌入式，与旁边柜体平齐。

3. 设置电视矮柜满足老人的物品收纳需求。

4. 利用隔断在客厅营造一个单独的休闲空间。

5. 放置电视可以满足老人休闲娱乐、观看节目的需求。

卧室

1. 利用隔断划分卧室与其他空间，营造出一个私密的休息空间，隔断也可收起。
2. 卧室衣柜设置移门，方便使用。
3. 床头板安装可移动紧急呼叫系统。
4. 安装可移动智能开关控制面板，使用450 mm厚的床靠板，方便内部安装走线。
5. 设置多个衣柜满足不同物品的收纳。
6. 衣柜底下安装智能体感低位灯带，满足夜晚照明的同时，增加美观性。
7. 用简单的几何图形进行分割，增强整个空间的体量感。
8. 墙面侧面设有隔板，便于老人日用物品的收纳。
9. 墙面内设抽拉式桌板，满足老人读书以及就餐的需求。

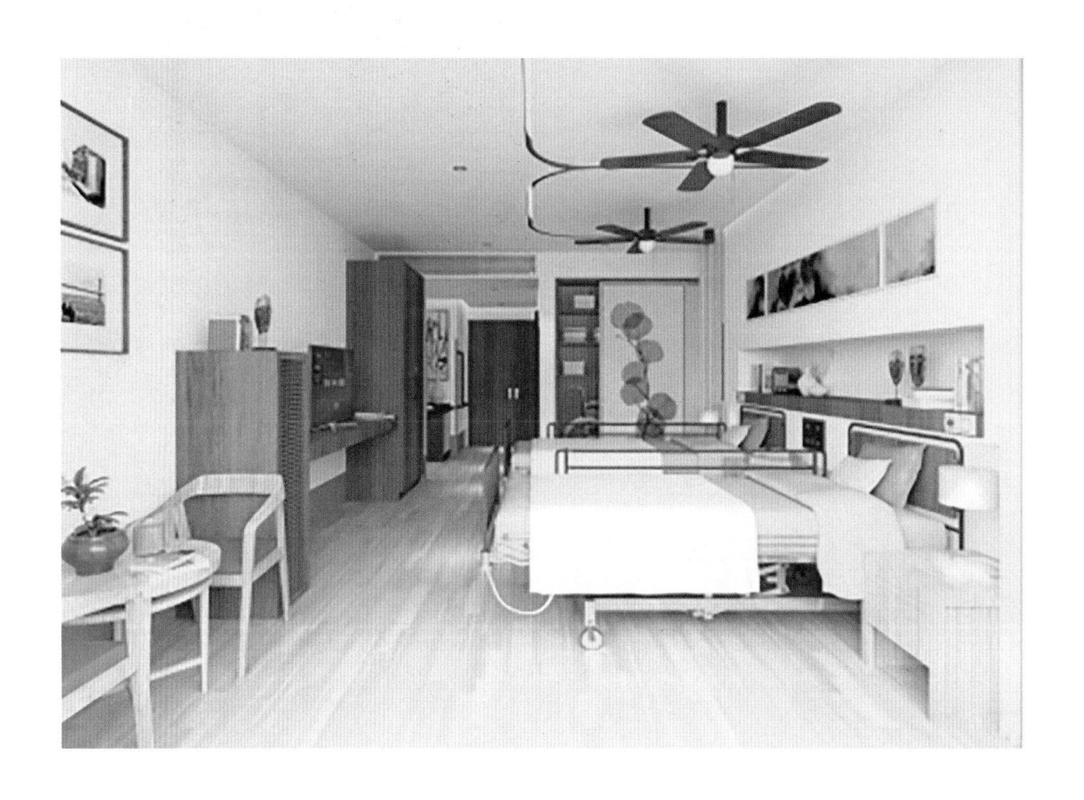

玄关

1. 入户玄关做储藏收纳柜，方便老人收纳鞋及其他物品，并放置可移动凳子。

2. 设置洗手台，方便老人使用。

3. 安装紧急呼叫系统。

4. 安装智能开关控制面板。

5. 利用墙面装饰画及桌面艺术摆件营造整个空间的艺术气息，提升空间的舒适感。

6. 设计单扇移门，便于使用。单扇移门可采用不同材料并且设计成装饰画，起到渲染空间氛围的效果。

照明灯具

1. 采用多重照明规划，有主灯照明，也有辅助和局部照明。

2. 厨房的整个操作台下部均有 50 mm 的凹槽，可内置灯带作为低位照明。

家居风格

1. 整体选用明快的木色系列。

2. 小露妈妈的家更多的是对公共空间的局部改造。

3. 墙面整体采用白色，突出整体性，而中间架构又凸显了细微变化。

4. 增加装饰性摆件，突出整个空间的艺术氛围。

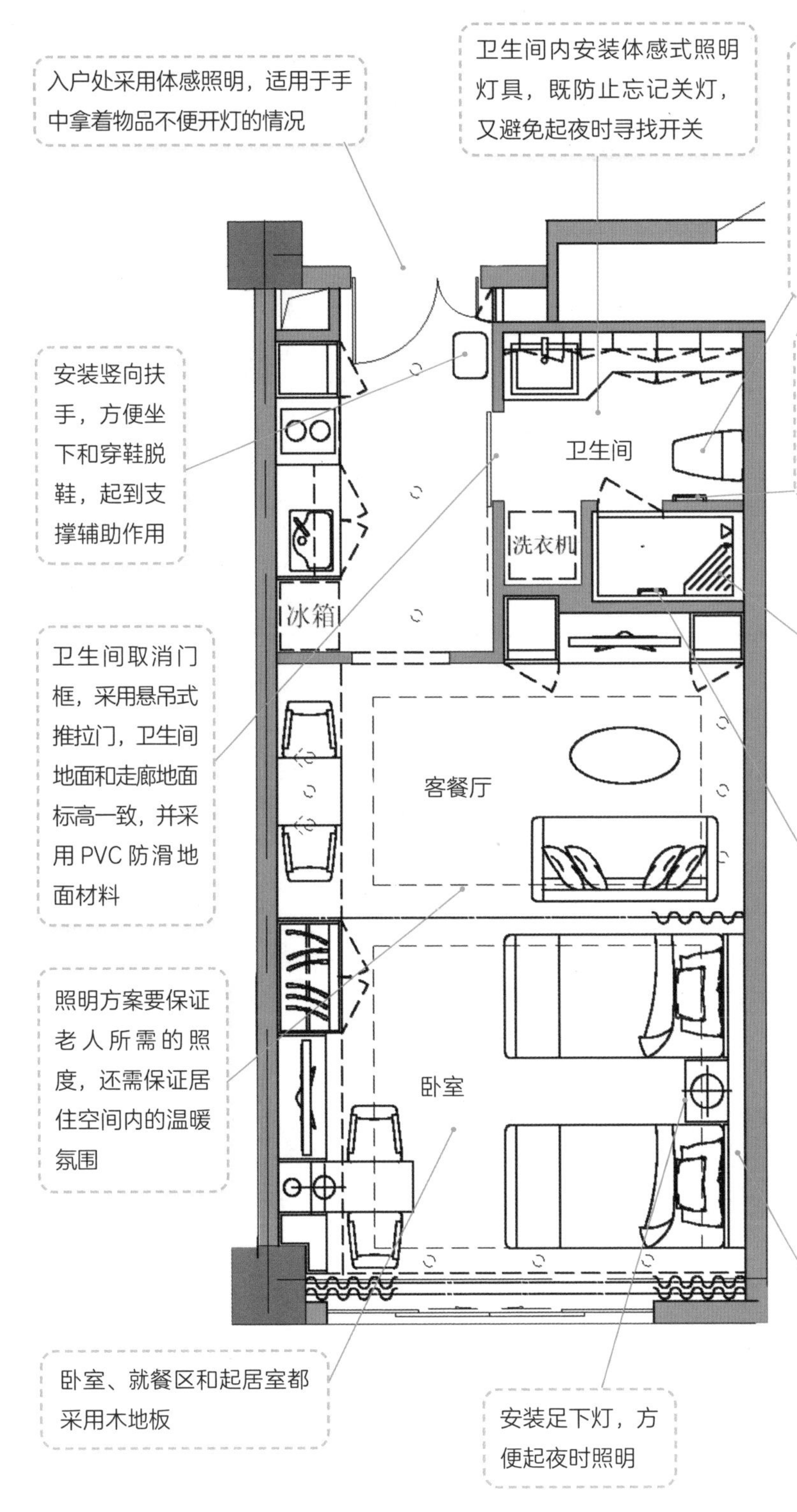

入户处采用体感照明，适用于手中拿着物品不便开灯的情况

卫生间内安装体感式照明灯具，既防止忘记关灯，又避免起夜时寻找开关

坐便器布置于门的正对面，方便使用轮椅者如厕，建议选用加热型坐便器，避免因过凉带来不适

安装竖向扶手，方便坐下和穿鞋脱鞋，起到支撑辅助作用

安装L形扶手，方便如厕使用；安装紧急呼叫装置，应对跌倒等状况

安装竖向扶手，在站立坐下时起到支撑作用，坐着淋浴时也可保证身体的安全稳定

卫生间取消门框，采用悬吊式推拉门，卫生间地面和走廊地面标高一致，并采用PVC防滑地面材料

淋浴间内安装横向扶手，辅助移动行走

照明方案要保证老人所需的照度，还需保证居住空间内的温暖氛围

就寝后如果身体不适，可按紧急呼叫按钮。通常双床房将紧急呼叫和开关的系统面板安装在两床中间，单床房可安装在一侧床板上

卧室、就餐区和起居室都采用木地板

安装足下灯，方便起夜时照明

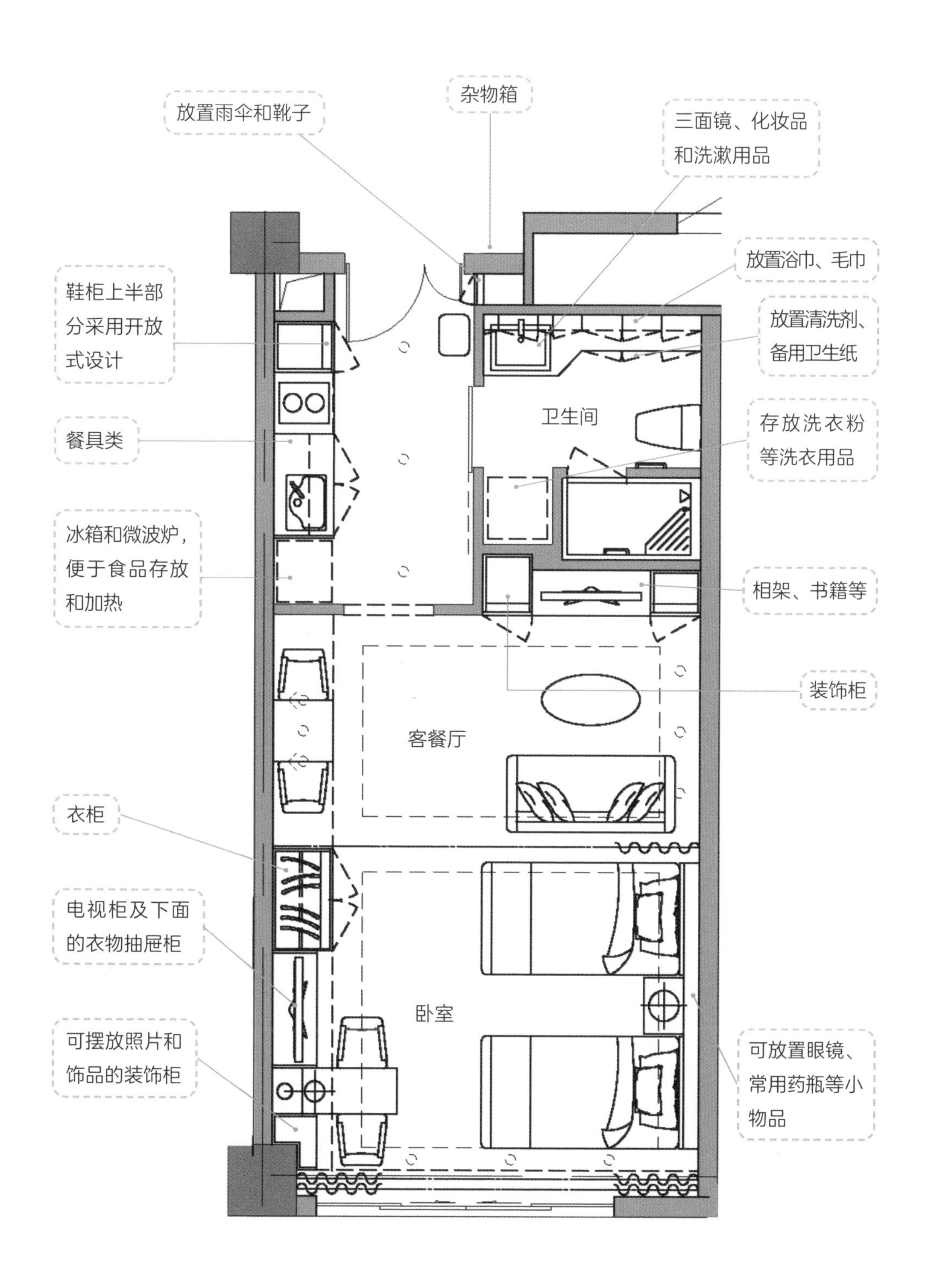

放置雨伞和靴子
杂物箱
三面镜、化妆品和洗漱用品
鞋柜上半部分采用开放式设计
放置浴巾、毛巾
放置清洗剂、备用卫生纸
卫生间
餐具类
存放洗衣粉等洗衣用品
冰箱和微波炉，便于食品存放和加热
相架、书籍等
装饰柜
客餐厅
衣柜
电视柜及下面的衣物抽屉柜
卧室
可摆放照片和饰品的装饰柜
可放置眼镜、常用药瓶等小物品

4　老有所为的家——小娜的四个改造实例

案例 1　不断升级改造的陈阿姨家

第一次改造：居家自立，环境优化

陈阿姨退休后先后三次改造家里。她退休后的第一件事是把家从四楼搬到了一楼。人家问她：“一楼采光不好，又潮湿，为什么要换下来？”她回答：“潮湿不怕，除湿机买好了，多开开就好了。谁都会老的，孩子们都忙，我们靠自己，不愿意给儿女添麻烦。”

第一次改造时，陈阿姨有时间，有精力，把改造的重点放在厨房和天井。厨房改成开放式，与餐厅连为一体，缩短了厨房和餐桌的距离；安装大功率的抽油烟机，提高油烟排放效果；用两台除湿机去除一楼房间的湿气；电陶炉安全可靠，煲汤、煲粥都很方便；橱柜选用安全拉手；厨房照明采用整体照明，没有安装射灯，以免墙上出现影子。

一楼的小天井，需要走四五级台阶下去，于是在楼梯两侧都装了扶手。天井上面的窗子采光充足，陈阿姨在墙上装了 3 个短扶手，方便踩在凳子上擦玻璃。

厨房和餐厅是开放式布局

天井楼梯两侧加扶手

在墙上装了短扶手

第二次改造：丈夫因脑梗昏倒，行动不便，急需改造

第二次改造是在 2021 年 8 月，天气特别热。陈阿姨的丈夫金先生淋浴时，在卫生间内突发脑梗摔倒了，手术后在医院做康复治疗。金先生 75 岁了，是一名医生，退休后还一直在工作。他的习惯是每天都要淋浴。陈阿姨想把卫生间的安全辅助措施进一步完善，避免洗澡时不小心摔倒，造成二次伤害。因为金先生脑梗后左侧手脚麻痹，所以卫生间的适老化改造方案侧重于方便右手着力。经过现场测量后，初步确定在淋浴和坐便器之间的墙上安装竖向扶手或者 L 形扶手；在淋浴和洗面台之间，安装上翻式扶手或者洗面台立地扶手；在墙上增加喷淋支架；将浴帘杆改为安全固定淋浴轨道。淋浴区内放置一把可旋转的洗澡椅，方便一只手调转椅子方向，让洗澡时体验感更佳。

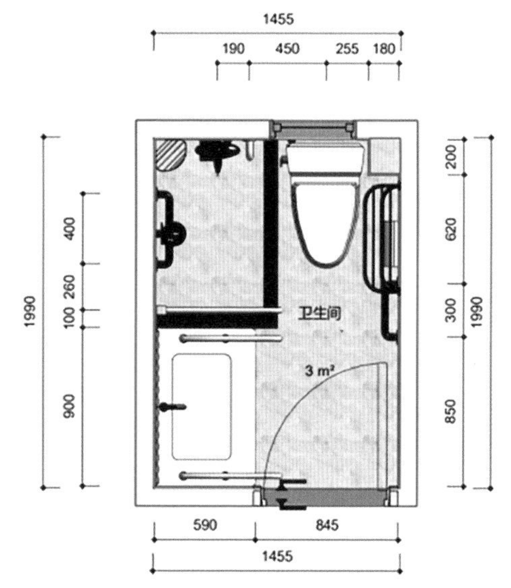

夫妻两人希望把康复融合在洗漱、如厕、入浴起身等日常活动中，在出院后还添置了一把轮椅，平时放在楼道里。

在入户单元门走道内安装扶手，方便妻子照顾丈夫。我们第二次上门评估回访时，金先生已经可以不使用轮椅和妻子外出了。

可旋转的洗澡椅

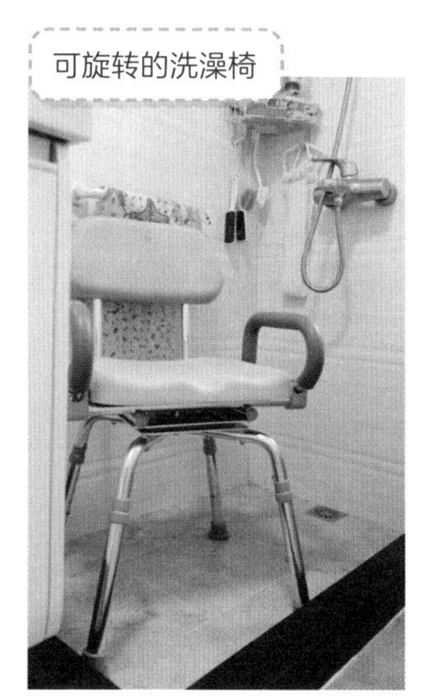

L 形扶手

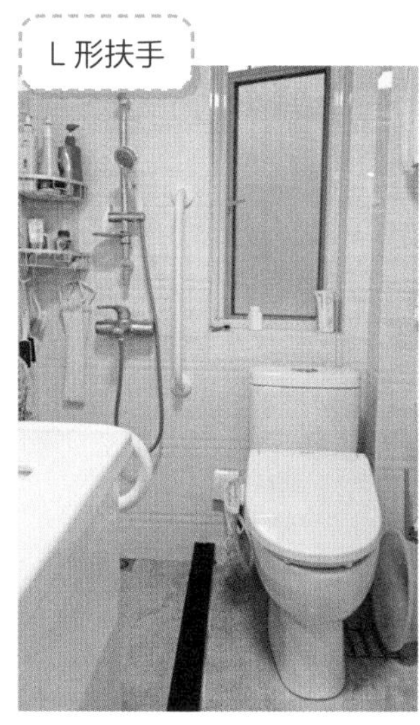

安全固定浴帘轨道

卫生间的适老化改造设施

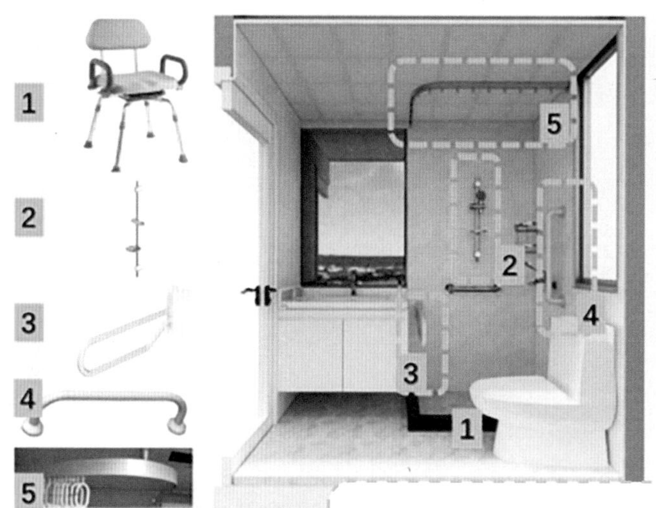

1. 添置可旋转照护的洗澡椅。
2. 淋浴选用可调节高度的款式。
3. 坐便器旁边安装上翻式扶手，方便站立和坐着使用。
4. 横向扶手与竖向的上翻式扶手形成连贯的扶持。
5. 浴帘容易使人摔倒，改为吊挂式安全浴帘杆。

第三次改造：康复后的优化改造

第三次改造，是在公共楼道里安装扶手。平时轮椅放在楼道门口附近，出门时需要下几级台阶，而金先生坚持自己下楼梯，所以就在单元楼的公共区域安装了扶手。后来在街上偶遇陈阿姨夫妇，金先生恢复得很好，已经不用轮椅了。远远地望去，夫妻二人步调一致。

在公共楼道里安装扶手

案例 2　居家康复养老房治疗改造

家里老人一直住在康复医院，节后要回家了。张先生请了照顾老人的保姆，为了让老人尽快康复，还准备了方便起身的护理床、翻身用的靠垫、起夜用的坐便椅，并在房间内安装了摄像头，方便查看老人的状况。

家里有两个卫生间，分别有淋浴和浴缸。带浴缸的卫生间在老人卧室内，带淋浴的卫生间在对面房间，两个距离都不远。

卫生间的适老化改造

在居家适老化改造中，首先，需设置床头电源配置、电动床、呼吸机、网络电话呼叫等，床头需要预留出必要的插头，为各种设备预留电源。

其次，床头柜的高度不宜过低。因为有床栏，在取用物品的时候，手要从床栏上方伸出来，如果床头柜太低，会操作不便。在灯具的配置方面，安装了床头灯，还配有夜灯，方便起夜。另外，窗户前预留休息区，方便在窗前晒太阳。

最后，床品的选择也很关键，因为有的床垫比较滑，要仔细挑选。

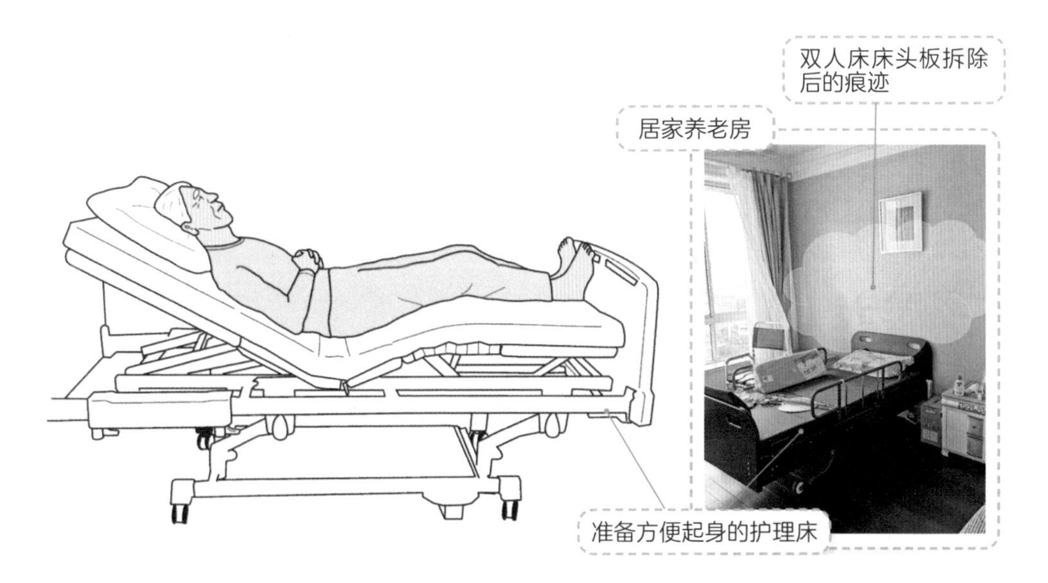

案例 3　居家适老化浴改淋

改造需求：

1. 浴室的洗脸盆不拆除。
2. 洗衣机的位置移动到洗面台的位置。
3. 不要浴缸，改为淋浴。
4. 阳台、屋顶待定。

改造前

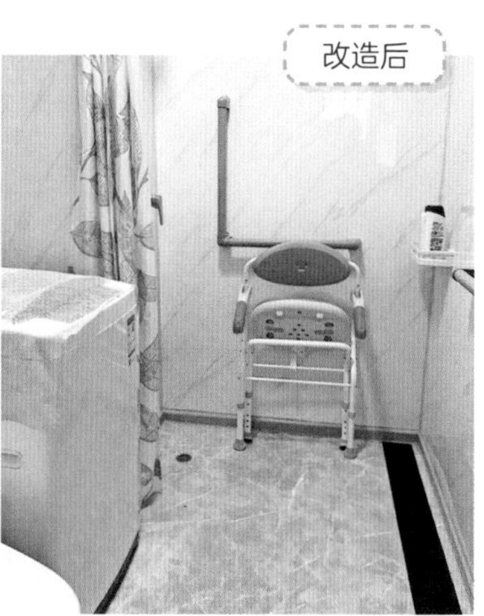

改造后

改造措施：

1. 修补地面，更换防滑软质地板。
2. 更换浴缸相应区域的墙面。
3. 安装无高差防水条。
4. 安装竖向扶手。
5. 门口处、淋浴区安装扶手。
6. 安装淋浴间浴帘、浴杆。
7. 安装可调节高度的淋浴花洒。
8. 安装浴室加热器和烘干机。

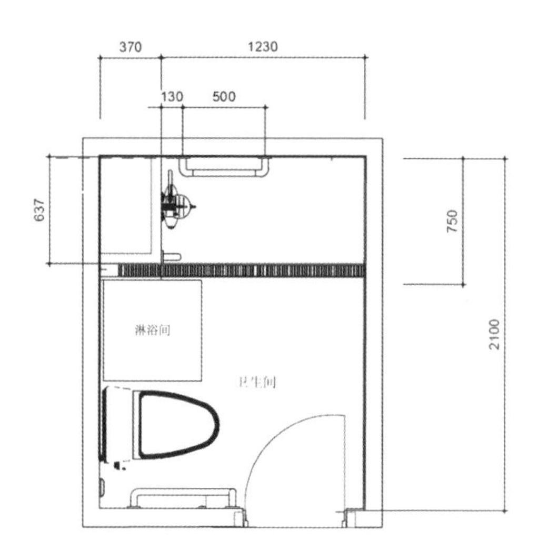

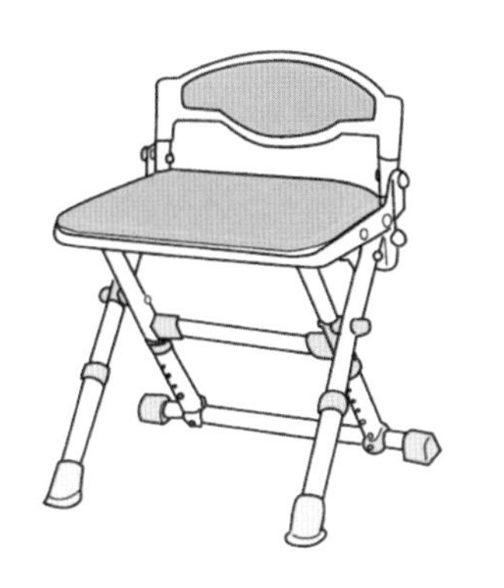

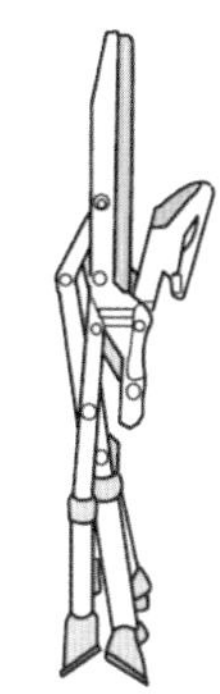

案例 4　辽源四村住户厨卫适老化改造

改造需求：

1. 入户门更换防盗门。
2. 厨房橱柜更换（含吊柜、下柜）为人造大理石台面和不锈钢水槽。
3. 卫生间门换成折叠门，方便出入。
4. 厨房、卫生间吊顶更改。
5. 灯具更改，卫生间增加扶手。
6. 窗户暂时不换（业主提议）。

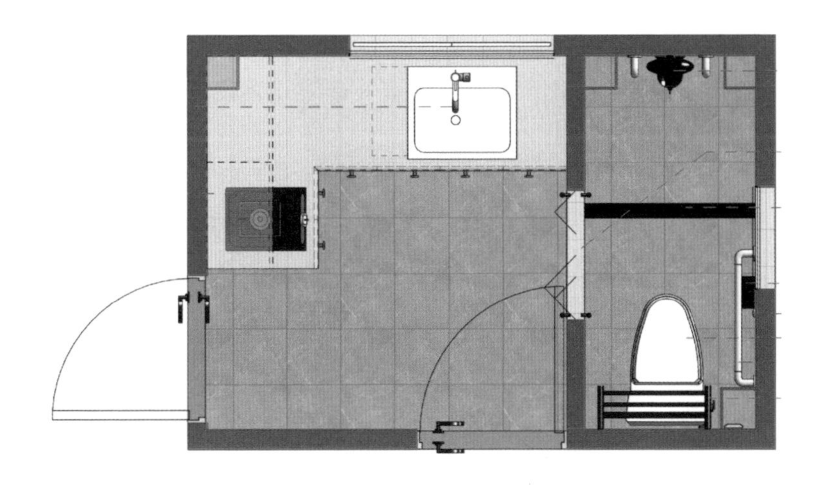

改造措施：

1. 增加不锈钢水槽。

2. 增加燃气灶，上方布置吊柜，油烟机可藏于吊柜内。

3. 卫生间采用折叠门，减少开门所占面积，保证有效宽度为 700 mm。

4. 扩大坐便器区空间，隔墙改为推拉门。

5. 改用紧凑型坐便器，并安装坐便器插座。

6. 安装 700 mm 长一字形扶手并加固安装用的墙基。

7. 淋浴区和坐便器区之间增加条形地漏，阻止淋浴水流向坐便器区，淋浴区增加浴帘轨道，安装浴帘。

8. 更换花洒及水龙头，两侧配备扶手。

9. 增加厕纸架、电热毛巾架。

10. 增加紧急呼叫按钮。

11. 地面翻新，安装地暖。

12. 强化天花照明。

13. 安装冷暖设备，如散热器。

适老化改造，拥有友好的家

这是一个美好的时代，随着城市和科技的不断发展，信息传播越来越迅捷，生活变得越来越好。身处这个美好的时代，如何通过改造，拥有一个友好的家？无论是房屋结构、空间尺度、配套设备，还是使用体验，都使人全身心感受到是为自己量身打造的，这才是真正友好的家。

相信通过本书的学习和了解，你也一定能成功改造出适合自己的舒适友好的家。居家改造一小步，生活改善一大步。

附录

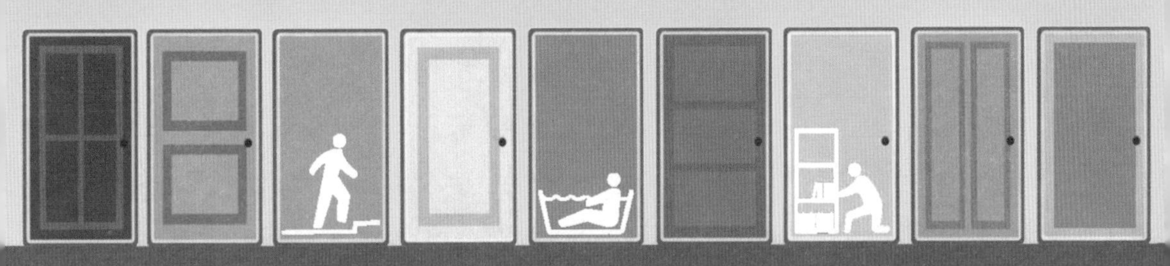

1　如何在自己家进行适老化改造?

我不是专业人士，也不想了解过多的细节。

今年 50 岁了，开始考虑养老的问题。

应该在哪里养老?

住在哪里?

怎么安排自己的生活?

该怎么做?

大致分为几步?

开始思考在哪里养老

我的父母住在老家，在省会城市有一套四室一厅的住房。我和先生住在上海，在浦东有自己的住宅，儿子去加拿大念高中，因此在那买了房子。上海的住宅虽然是学区房，但上学方便，上班不便，于是在单位附近租房住，家里还有一条狗和一只猫。我考虑到不大可能回老家养老，虽然它是生我和养我的地方。父母在老家生活，也需要人照顾，我可能会回去陪父母住一段时间，但不会住太久。现有的上海住宅适合年轻时上班和孩子上学居住，但不适合养老，因此会出租或出售。若去加拿大养老也不现实，儿子念高中，也许在其他国家读大学。还是在上海市区寻找一个安身之地更为现实。今后我要打理自己的生活，缩小生活的半径，如果周围的生活丰富、环境适宜的话，那么选择性会多一些。将生活的半径确定了，接下来要确定居所。我想住在家里，但是 80 岁以后需要人照顾时，是继续在家里，还是选择养老中心呢?我不太喜欢养老机构的主要原因是自由度比较低，那里的生活作息都被安排了，自己选择的很少。另外，从业人员的受教育程度不高，照顾他人是工作，在帮忙换衣服时是否会注意个人隐私?在日常起居时，是否会考虑到我的感受?现在保险机构推出有配套服务的养老公寓，以保险理财的形式购买居住权，可以选择入住时间、房间和配套服务，自由出入。这种“保险保障、健康管理、品质养老”一体化的模式，目前来说是潜在的选项。但不出意外情况的话，我还是希望 80 岁之前生活在家里。

看来安排日后养老生活的第一步，还是从居所开始。从 50 岁到 80 岁，还有 30 年的时间会居住在家里。50 岁以后要规划自己的生活，先要重新审视和规划自己的家，并在家中把需要改善和品质提升的地方都标注出来，以达到预期效果。

外出度假的时候，我们会选择心仪的酒店入住，选择酒店的过程，就是选择和规划居住体验和生活体验的过程。面朝大海起床，看着满天繁星入浴，这些珍贵自然的资源，在日常生活中难以体验，但是入住的舒适感在生活里可以实现复制。一些高端养老公寓的设计堪比酒店设计，其价值观一致，都是营造舒适的居住环境。对自己的家做养老规划是未雨绸缪，提前定制舒适方便的居住体验和适老环境。现在，我们开始迈出养老规划实践的第一步，打理自己的生活环境。

给家里贴上标签

我们太熟悉每天生活的地方了，有哪些不方便之处自己心知肚明。主要是怕麻烦，总觉得凑合一下就过去了，其实时间长了就视而不见了。

因此第一步是找到那些明显需要改善的地方，这些对现在的自己来说是可以凑合的，但对将来的自己来说，有些会成为生活的负担和累赘，所以要改善和打理这些“病灶”。我们不是专业人士，一些具体的点只有碰到的时候才能发现，如何开始评估呢？根据书中的9扇改造之门，设计了相应的标签（可扫描封面勒口处二维码下载使用），在里面找到解决问题的答案。笔者实际操作了一次，具体如下。

窗户

增加内窗以改善窗户的保温隔热性能，达到自然通风效果。
窗帘改为电动窗帘，以便自动开启纱帘和遮光窗帘。

在卫生间出入口需要安装竖向扶手以方便开关门的地方，贴上标签。
门上安装自动闭门器，门会自动闭合，节省体力。
入口处进行通用设计，方便下肢无力、长久站立需要扶持、身体弱、行动能力弱的家庭成员。

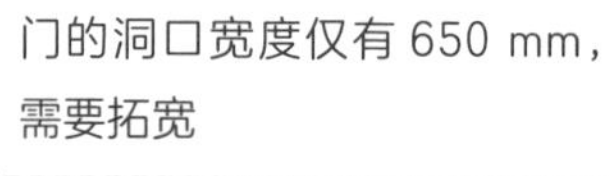
门的洞口宽度仅有 650 mm，
需要拓宽

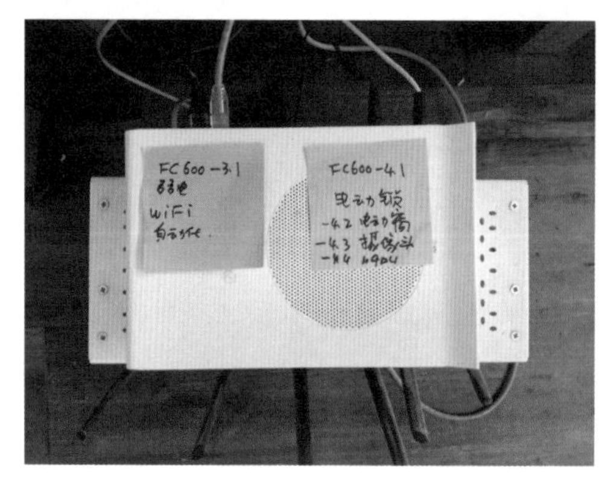

改造后居住功能可视化

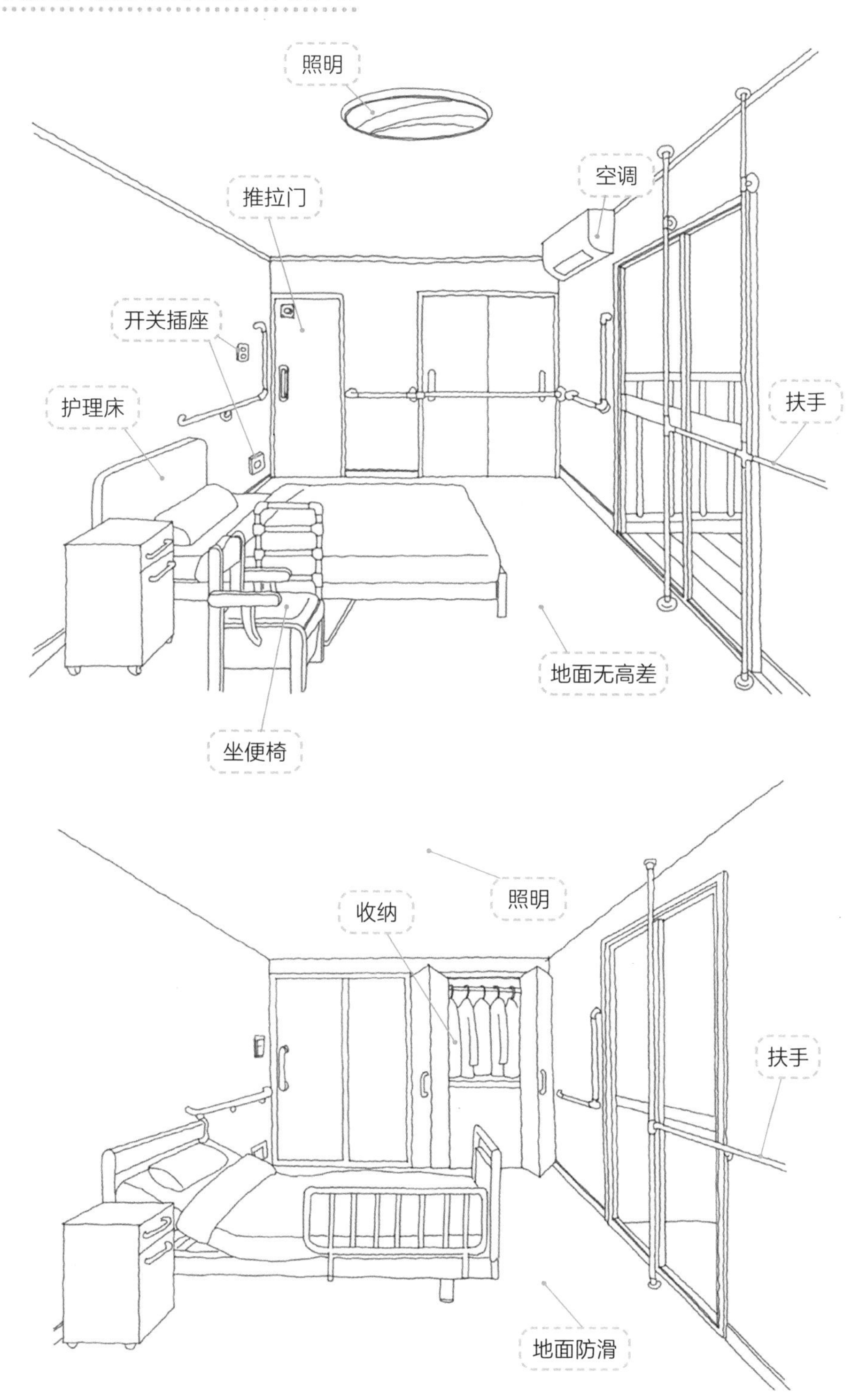

2 适老化改造相关定义与发展

贴了标签的地方是家里需要改造的地方，设计师也可以将其看作改造需求任务书。但是这些地方，不一定就是必须进行改造的项目。这就需要对无障碍设计和适老化改造的区别、装修和适老化改造的区别、适老化改造服务与养老服务和建筑服务的关系有所了解。

无障碍设计、装修、适老化改造的区别

无障碍设计与适老化改造的区别

无障碍设计是通用设计，适合大多数人，适用于居住空间，不做个性化、无差别化设计。例如消除住宅地面高差、门洞过窄等障碍，都属于通用设计。

适老化改造是定制升级设计，例如为照料、护理父母，进行升级居住环境的适老化改造，或为自己未来居家养老提前规划。与无障碍设计相比，适老化改造会根据居住者的生活习惯、健康状况、活动能力、年龄差异等进行个性化的改造设计。

装修与适老化改造的区别

住房解决的是居住需求，是与居住环境相关的问题。装修和改造的目的都一样，满足居住需求，提升居住体验。装修是换新颜，注重外观和潮流；改造是系统升级，是对已有的功能进行升级。以手机为例，它是信息传递的有效工具，可以解决通信问题，实现异地共享即时信息，传递图片、影像信息等。手机系统的升级是对已有的功能做升级处理，去除障碍，使通信更加便捷。同样地，住房改造是对已有的居住功能做升级处理。消除障碍，让居家生活更加安心、放心、舒心。家里温度适宜，房内有新鲜的空气和明亮的阳光；卫生间干净整洁，便于清扫；浴室进出方便，水温、水量舒适；厨房功能齐全，使用方便；客厅适合待客会友；卧室供休息，随时都方便起身；收纳适合身高，方便拿取物品；适合轮椅在家里自由进出；卧床时，在床上可以控制房间内设施。以上这些都是为特定用户做的系统升级。80 岁以上老人的住房还应考虑日常起居照护的需求、居家环境的无障碍需求等。在城市化进程中，建筑技术和建筑材料得以发展，相比 2000 年以前的住宅建造时期，不可同日而语。改造和提升现在的居住环境，建造没有障碍的居家环境，难点在于发现和选择家里需要改善升级的点，并且根据自身的日常起居和生活方式进行升级。

养老服务、建筑服务与适老化改造服务的关系

居家适老化改造，是对以住宅不动产为载体的附属设备和配套设施，例如在卫生间和厨房内，根据居住者的生活需求进行适配，以改善配套设施的使用性能，提高使用寿命，采取安装扶手、解决高差问题、增高坐便器等措施，为居住者提供定制的修缮和改造服务。居家适老化改造属于建筑服务中的“修缮服务”，但是它区别于一般建筑修缮服务和装修的显著特征在于：改造要适合老年人年龄、身体和行为能力。所以评定居住者的行为活动能力，实地考察其生活习惯及生活环境，由适老化改造适配人员进行评估和检定的环节等，所提供的服务属于养老服务。因此，适老化改造服务是由适配评估服务和适老化改造修缮服务共同组成的综合性服务。以提供前期适配评估服务为主，则属于养老服务；以提供改造修缮服务为主，则属于建筑修缮和改造服务。

改造服务初见端倪（2021—2022 年）

以上海为例，地产国企受当地政府委托负责上海市适老化改造平台的运营。上海地产负责扩展建设行业的关联供应链，同时与各个街道合作，由街道负责筛选福祉扶持对象，然后由上海地产派遣服务产品供应商和改造服务商入户提供适老化改造服务。

家庭级市场化服务刚刚显露端倪，各方人士各显其能。有家具商为社区提供适老化样板房间配套服务；有卫浴产品供应商实施产品换新配套服务；有物业公司拓展业务成为养老服务供应商，配合街道做市场化改造尝试；网络平台保洁保姆等服务公司，在超市内提供适老化改造服务样板展示，向大众做内容科普。还有电商将业务从提供产品适配服务拓展为居家改造服务；有养老服务公司成立有资质的建筑服务公司，为原有的服务对象提供拓展适老化改造服务。

3 居家养老常见用品

适老家居用品

适老家居用品包括褥疮垫、三角垫、防止抓挠的绑扎带、防止手指粘连的防护手指棒、翻身垫、吸湿垫、方便衣等。褥疮垫主要是照料需要卧床或者行动不便的人群时，帮助移位，防止褥疮用的。洗澡淋浴椅比一般的椅子要低，可安全辅助洗澡。

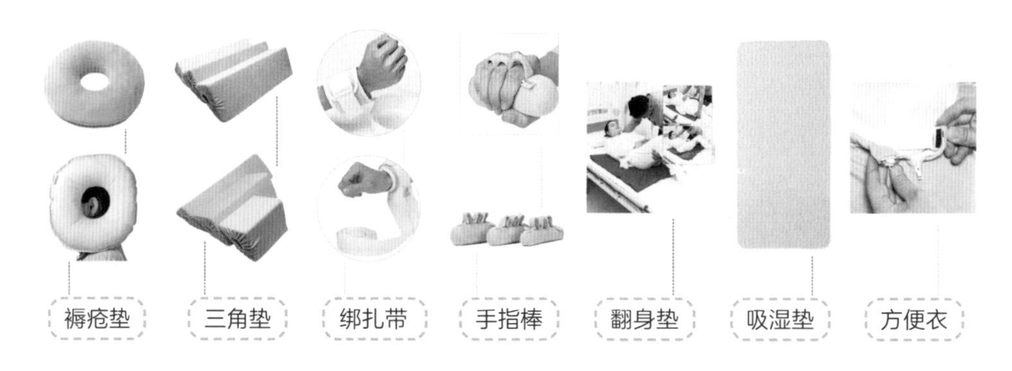

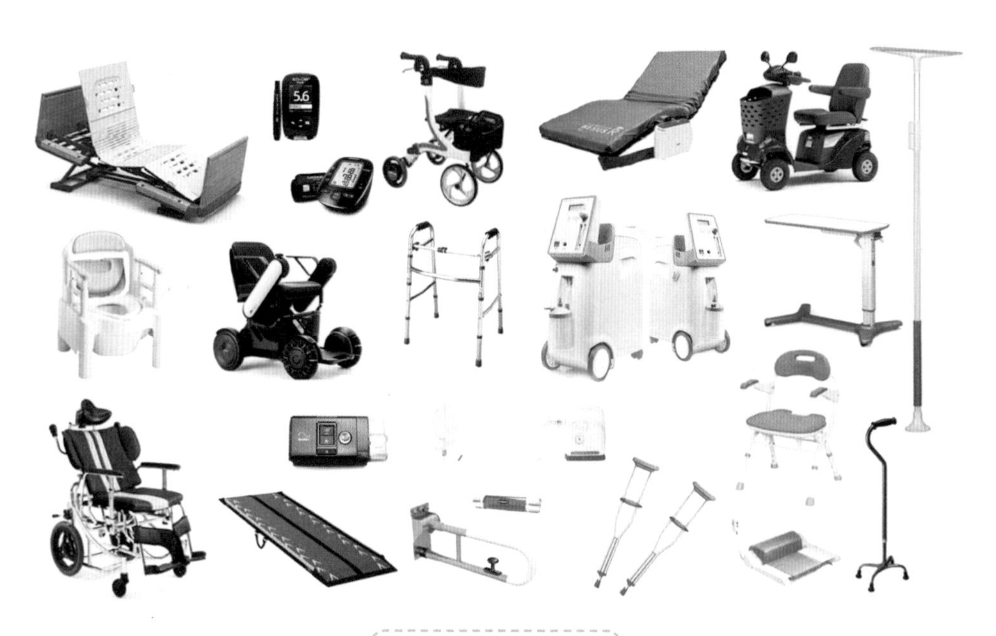

老年人居家辅助用品

辅助功能家居用品

辅助功能家居用品分为居家健康器械和锻炼康复器械，主要考虑到有出院后在家康复或对手部、足部等进行锻炼和康复需求的人群。一些居家锻炼康复器材，分为器材和小型器具，有轮椅、移位器、台式移位器等，按照主要的房间居家功能配套辅助设施和产品。该类用品的使用现阶段主要是由政府指导，面向基层提供服务。市场化服务还是一片空白，没有清晰明确的市场营销方案可以借鉴。

锻炼康复器材在养老领域应用多年，如适合居家锻炼康复用的自行车和多功能康复器械，针对手部、足部等的小型局部锻炼器材等。另外，还设有视力、听力、健康监测及呼吸机等医疗器械，为生活能力各异、患有慢性病的高龄人群提供专业服务。

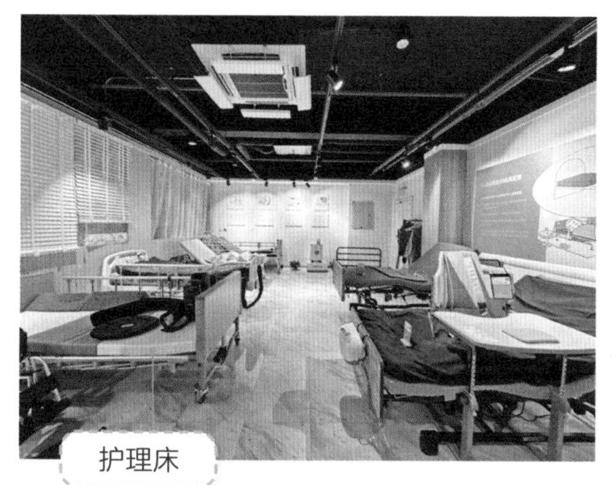

护理床

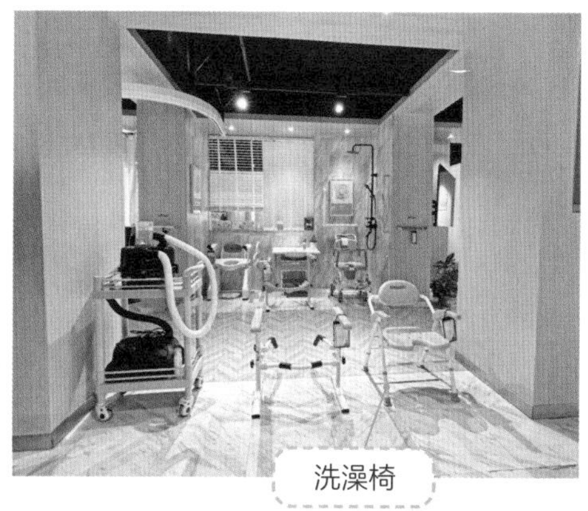

洗澡椅

手动轮椅　便携式电动轮椅　可躺卧轮椅　电动轮椅